高等职业教育智慧农业系列规划教材

Windows Server 2019

网络管理项目教程

主　编　张金华　　赵玲妹

副主编　胡鹏昱　金　纯

湖南大学出版社

·长沙·

图书在版编目（CIP）数据

Windows Server 2019 网络管理项目教程/张金华，赵玲妹主编．—长沙：湖南大学出版社，2024.11.

ISBN 978-7-5667-3946-9

Ⅰ．TP316.86

中国国家版本馆 CIP 数据核字第 20246WP487 号

Windows Server 2019 网络管理项目教程

Windows Server 2019 WANGLUO GUANLI XIANGMU JIAOCHENG

主　　　编：张金华　赵玲妹	
责任编辑：刘湘琦　祝世英	
印　　装：广东虎彩云印刷有限公司	
开　　本：787 mm×1092 mm　1/16	印　　张：18.5　字　　数：467 千字
版　　次：2024 年 11 月第 1 版	印　　次：2024 年 11 月第 1 次印刷
书　　号：ISBN 978-7-5667-3946-9	
定　　价：58.00 元	

出　版　人：李文邦

出版发行：湖南大学出版社

社　　　址：湖南・长沙・岳麓山　　　邮　　编：410082

电　　　话：0731-88822559（营销部），88821327（编辑室），88821006（出版部）

传　　　真：0731-88822264（总编室）

网　　　址：http://press.hnu.edu.cn

电子邮箱：395405867@qq.com

前　　言

Windows Server 是 Windows 的服务器操作系统，用于构建连接的应用程序、网络和 Web 服务的基础结构。由于 Windows 操作系统具有良好的图形化操作界面，在中小型企业的网络服务中被广泛应用，因此 Windows Server 管理是从事网络系统管理相关工作人员必须掌握的技能。本书的实验操作采用 Windows Server 2019 网络操作系统和 Windows 10 客户端操作系统。

本书遵循以项目为载体、以工作任务为导向的教学模式，从构建与管理网络的实际应用出发，根据网络操作系统的特点，结合高等职业教育的人才培养需求，坚持"以应用为目的，理论够用，注重实践"的原则组织教材内容。基于企业 Windows Server 网络系统管理的工作任务，设计了安装与设置 Windows Server 2019、部署企业文件服务器、服务器存储系统管理、部署企业域服务、部署分布式文件系统、部署企业 DHCP 服务、部署企业 DNS 服务、部署企业 Web 服务器、部署企业 FTP 服务器、部署企业 VPN 服务器等 10 个教学项目，每个教学项目设计了相关教学任务，每个任务都包含任务场景、任务实施及任务小结。学生通过 10 个项目的渐进式学习，能够逐步熟悉 IT 系统管理工程师岗位涉及的 Windows Server 2019 服务器配置与管理的应用场景，掌握 Windows Server 2019 网络服务器的配置与管理，熟悉网络管理的业务实施流程，养成良好的职业素养。

本书由上海农林职业技术学院张金华、赵玲妹担任主编，上海农林职业技术学院胡鹏昱、华东政法大学金纯担任副主编，参编人员有上海禾软信息科技有限公司刘豫阳、上海宏满教育科技有限公司杨义传、上海松弗电子科技有限公司宋晨璠。具体编写分工如下：张金华负责项目 4、项目 5 的编写，赵玲妹负责项目 1、项目 2 的编写，胡鹏昱负责项目 3 的编写，金纯负责项目 6、项目 9 的编写，刘豫阳负责项目 10 的编写，杨义传负责项目 7 的编写，宋晨璠负责项目 8 的编写。全书由张金华统稿，赵玲妹校对。

在本书编写过程中，编者遵守严谨务实的原则，参阅了大量的相关资料，在此，对这些资料的作者表示感谢。由于编者水平和经验有限，错误和疏漏之处在所难免，敬请广大师生批评指正。

编　者

2024 年 6 月

1

目　　录

项目 1 安装与设置 Windows Server 2019

◆ 项目目标

（1）了解网络操作系统的概念；

（2）熟悉 Windows Server 2019 的使用环境；

（3）学会安装 Windows Server 2019；

（4）学会设置 Windows Server 2019 的基本环境。

◆ 相关知识

1. Windows Server 2019 网络操作系统简介

Windows Server 2019 是微软公司研发的服务器操作系统，于 2018 年 10 月 2 日发布，于 2018 年 10 月 25 日正式商用。

Windows Server 2019 基于 Long-Term Servicing Channel 1809 内核开发，相较于之前的 Windows Server 版本，主要围绕混合云、安全性、应用程序平台、超融合基础设施（Hyper Converged Infrastructure，HCI）四个关键主题实现了创新。

2. Windows Server 2019 网络操作系统的版本

Windows Server 2019 包括三个许可版本。

（1）Datacenter Edition（数据中心版）：适用于高虚拟化数据中心和云环境；

（2）Standard Edition（标准版）：适用于物理或最低限度虚拟化环境；

（3）Essentials Edition（基本版）：适用于最多 25 个用户或最多 50 台设备的小型企业。

3. Windows Server 2019 网络操作系统安装的硬件要求

在安装 Windows Server 2019 之前，必须验证目标计算机是否满足 Windows Server 2019 的最低硬件要求。无论是打算在物理主机上运行 Windows Server，还是打算虚拟化 Windows Server，都需满足最低硬件要求。

Windows Server 的硬件要求取决于服务器承载的服务、服务器上的负载以及用户希望服务器具有的响应程度。系统中的每个角色都为网络、磁盘 I/O、处理器和内存资源带来了独特的负载。表 1-1 显示了在物理计算机上安装 Server Core（服务器核心）的最低配置要求。

表 1-1　安装 Server Core 最低配置要求

组件	要求
处理器体系结构	64 位
处理器速度	1.4GHz
随机存取存储器 （Random Access Memory，RAM）	512MB(使用 VMware Workstation 虚拟机在安装过程中 至少需要 800MB 的 RAM。安装完成后，可以将其减少到 512MB)
硬盘驱动器空间	32GB

除前面列出的要求外，还需要考虑其他硬件要求，具体取决于特定组织需求和安装方案：

(1)网络安装或 RAM 超过 16GB 的计算机需要更大的磁盘空间；

(2)存储和网络适配器必须与 PCI Express(一种高速串行计算机扩展总线标准)兼容；

(3)需要一个受信任的平台模块(TPM)来实现多个安全功能。

任务 1　规划与安装 Windows Server 2019

任务场景

GCX 公司为部署信息化应用，新购置一台服务器，现需要为服务器安装网络操作系统 Windows Server 2019。

安装网络操作系统之前，首先要了解软件对服务器硬件的基本要求，同时准备安装源盘，选择安装模式，以及确定安装中的参数设置(如管理员账户、密码、分区设置等)。此任务的准备工作包括：

(1)安装源盘(Windows Server 2019 光盘或 ISO 镜像文件)；

(2)磁盘分区的规划；

(3)管理员密码规划。

任务实施

GCX 公司新购置的服务器完全能够满足网络操作系统 Windows Server 2019 对硬件的要求，且 Windows Server 2019 数据中心版提供了完整的 Windows Server 功能。

1. 设置 BIOS，使服务器从光驱启动

按下服务器电源以启动服务器，打开基本输入输出系统(Basic Input Output System，BIOS)设置程序，将第一启动驱动器设置为光驱，保存后重启，同时将光盘放入光驱。

2. 根据安装程序向导安装 Windows Server 2019

步骤 1　安装启动程序以后，打开图 1-1 所示的【Windows 安装程序】窗口。

步骤 2　选择要安装的语言、时间和货币格式、键盘和输入方法，一般情况下，安装程序默认语言为【中文(简体,中国)】，时间和货币格式为【中文(简体,中国)】，键盘和输入方法为【微软拼音】。单击【下一步(N)】按钮，打开图 1-2 所示的窗口。

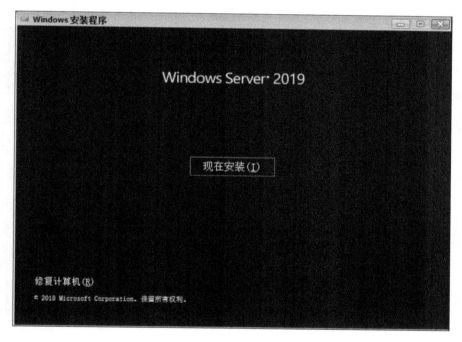

图 1-1

图 1-2

步骤 3　单击图 1-2 所示的【现在安装(I)】按钮,然后单击【下一步(N)】按钮,在图 1-3 所示的界面中输入产品密钥后单击【下一步(N)】按钮,或者单击【我没有产品密钥(I)】按钮。

步骤 4　图 1-4 所示的【选择要安装的操作系统(S)】界面中,在操作系统列表中选择【Windows Server 2019 Datacenter(桌面体验)】选项,并单击【下一步(N)】按钮。

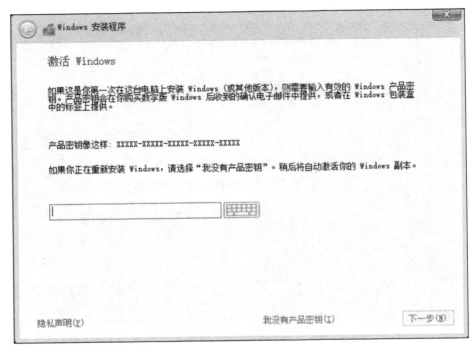

图 1-3

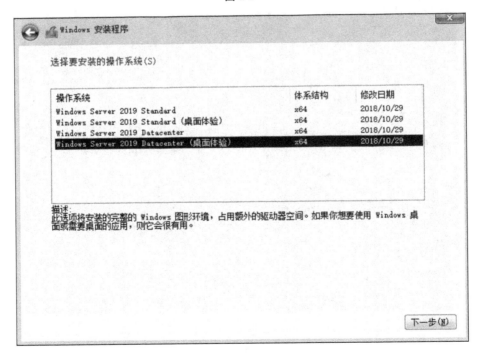

图 1-4

步骤 5　图 1-5 所示的【适用的声明和许可条款】界面中，勾选【我接受许可条款（A）】复选框，接受许可协议，单击【下一步（N）】按钮。

步骤 6　图 1-6 所示的【你想执行哪种类型的安装?】界面中，单击【自定义：仅安装 Win-

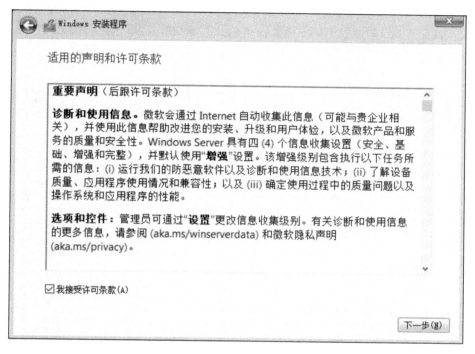

图 1-5

dows(高级)(C)】,进行全新安装。其中,【升级:安装 Windows 并保留文件、设置和应用程序(U)】选项用于从 Windows Server 2016 系列升级到 Windows Server 2019,如果当前计算机中没有安装网络操作系统,则该选项无效;【自定义:仅安装 Windows(高级)(C)】选项用于全新安装。

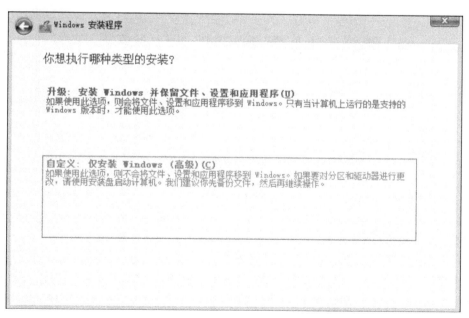

图 1-6

步骤7　如图1-7所示,【你想将Windows安装在哪里?】界面显示了当前计算机硬盘的分区信息。单击【新建(E)】,在【大小(S)】数值区输入"50000",再单击【应用(P)】按钮,弹出如图1-8所示的自动创建额外分区的提示对话框,单击【确定】按钮即可创建一个大小为50GB的主分区。

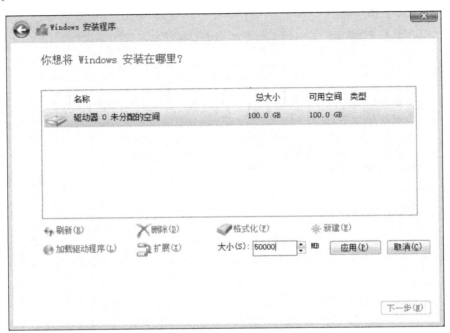

图1-7

图1-8

步骤8　在【你想将Windows安装在哪里?】界面(图1-9)中,选择新建的分区4,单击【下一步(N)】按钮,安装程序将自动进行复制Windows文件、准备要安装的文件、安装功能、安装更新、安装完成等操作(图1-10)。

步骤9　最终安装完成前,系统会根据需要自动重新启动,要求用户设置管理员(Administrator)账户密码(图1-11)。在【密码(P)】和【重新输入密码(R)】文本框中分别输入密码,单击【完成(F)】按钮后,将完成系统管理员账户密码的设置并进入系统(图1-12),即表示完成Windows Server 2019的安装。

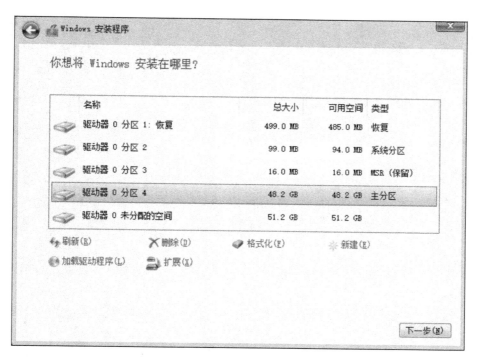

图 1-9

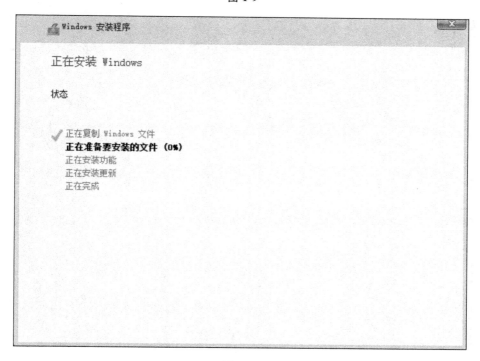

图 1-10

图 1-11

图 1-12

　　提示：Windows Server 2019 对密码的要求非常严格，无论是管理员账户还是普通账户，都必须设置强密码。除必须满足"至少 6 个字符"和"不包含 Administrator 或 admin"的要求

外,还需至少满足以下四个条件中的两个:

①包含大写字母(A、B、C 等);

②包含小写字母(a、b、c 等);

③包含数字(0、1、2 等);

④包含非字母数字字符(♯、&、～等)。

任务小结

(1)安装 Windows Server 2019 网络操作系统时,需要选择带"桌面体验"的服务器选项(图 1-4),便于使用图形界面管理服务器。

(2)安装 Windows Server 2019 网络操作系统后,管理员密码设置要符合强密码要求。

任务 2 配置 Windows Server 2019 基本环境

任务场景

完成 Windows Server 2019 安装后,首先应熟悉服务器的基本操作,同时为后续的服务器应用进行必要的基本环境设置。

Windows Server 2019 安装完成后,能够进行服务器的启动、登录、锁定、注销、关机等操作,服务器使用中一些必需的基本环境设置参数亦需熟练掌握,如计算机名、工作组名、IP 地址等,主要包括以下内容(表 1-2)。

表 1-2 服务器基本环境设置

计算机	设置内容	设置参数
Server	计算机名	DC
	工作组名	IT
	IP 地址	192.168.10.1
	子网掩码	255.255.255.0
	网关	192.168.10.254
	防火墙	放行 ping 命令

任务实施

1. 启动与登录

Windows Server 2019 安装完成后,系统会自动重启,重启后界面同图 1-12 一致。

参考图 1-12 中的操作提示,按下 Ctrl+Alt+Delete 组合键(先按 Ctrl+Alt 组合键不放,再按 Delete 键;虚拟机操作可单击工具栏按钮 ,向虚拟机发送 Ctrl+Alt+Delete),在图 1-13 的界面中输入系统管理员(Administrator)的账户密码,最后按 Enter 键登录。

登录成功后会出现如图 1-14 所示的【服务器管理器】界面。

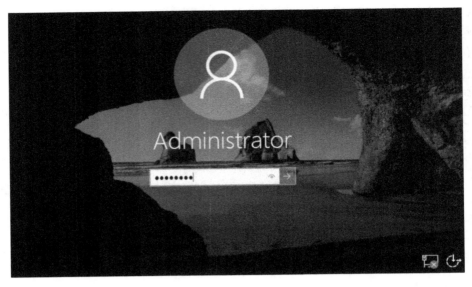

图 1-13

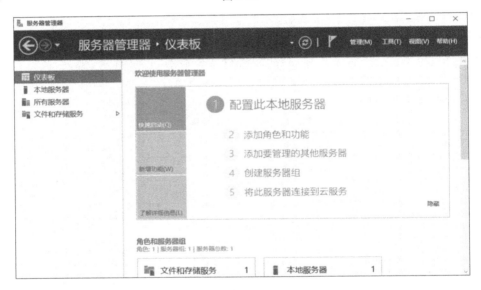

图 1-14

2.锁定、注销与关机

服务器通过部署网络应用为网络用户提供在线服务,使用过程中不允许关机,除非需要进行服务器应用维护。

服务器管理员或其他用户操作完服务器以后,可以选择锁定或注销。单击桌面左下角的开始图标,再单击图 1-15 中代表用户账户的图标即可选择锁定或注销。

(1)锁定:锁定期间所有的应用程序都会继续执行。如果要解除锁定,以便继续使用此计算机,则需要重新输入密码。

(2)注销:注销会结束当前正在运行的应用程序。之后如果要继续使用此计算机,则必须重新登录。

图 1-15

服务器应用维护时,单击桌面左下角的开始图标,再单击图 1-16 中代表电源的图标即可选择关机或重启。

图 1-16

也可以直接按 Ctrl＋Alt＋Delete 组合键,然后在如图 1-17 所示界面中选择锁定、注销等功能,或单击右下角的关机图标选择关机或重启。

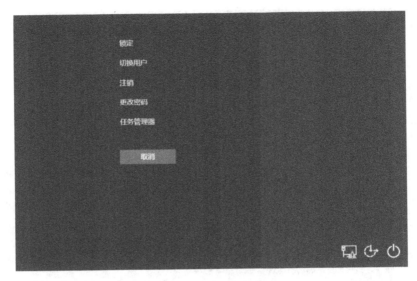

图 1-17

3.设置计算机名和工作组名

网络中每一台计算机的名称必须是唯一的,不应该与网络上其他计算机重复。虽然系统安装时会自动设置计算机名,不过建议将计算机名改为易于识别的名称。每一台计算机所隶属的工作组名称默认都是 WORKGROUP,也可更改为其他名称。更改计算机名或工作组名的方法如下。

步骤 1　单击桌面左下角的开始图标,打开【服务器管理器】窗口(先关闭关于 Windows Admin Center 的说明),选择左侧的【本地服务器】,如图 1-18 所示,单击右侧的系统自动设置的计算机名(如:WIN-LTRF31QDQ6F),弹出【系统属性】对话框。

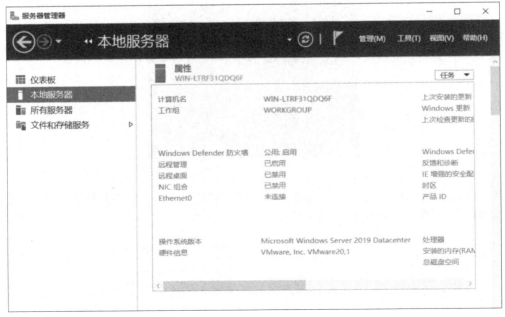

图 1-18

步骤2　如图1-19所示,在弹出的【系统属性】对话框中,选择【计算机名】选项卡,单击【更改(C)...】按钮,更改计算机名。

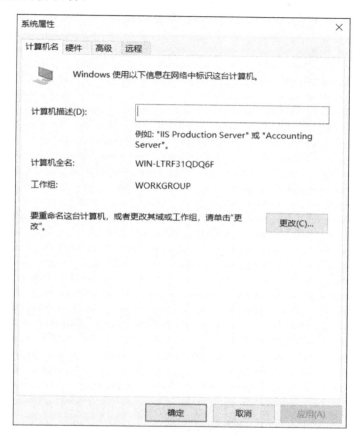

图 1-19

步骤3　在弹出的【计算机名/域更改】对话框中,如图1-20所示,输入新的计算机名"DC",选中【工作组(W)】单选按钮并输入工作组名"IT",单击【确定】按钮。在弹出的图1-21所示的【欢迎加入 IT 工作组。】界面中单击【确定】按钮。

步骤4　在图1-22所示的【必须重新启动计算机才能应用这些更改】界面中,单击【确定】按钮。

步骤5　返回【系统属性】对话框(图1-23),单击【关闭】按钮。

步骤6　在【必须重新启动计算机才能应用这些更改】界面(图1-24)中,单击【立即重新启动(R)】按钮。重新启动计算机后,再次打开【服务器管理器】窗口,选择【本地服务器】选项,即可查看修改后的计算机名。

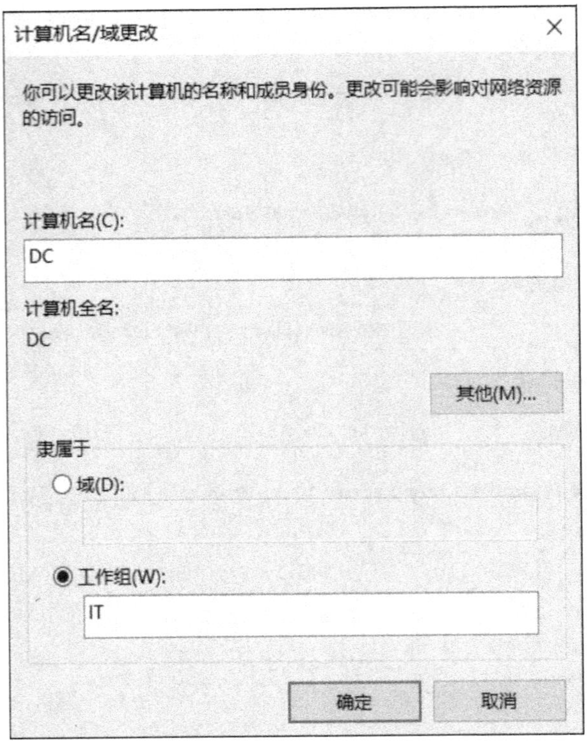

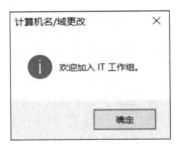

图 1-20

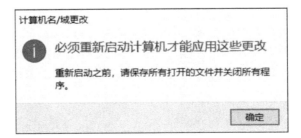

图 1-21

图 1-22

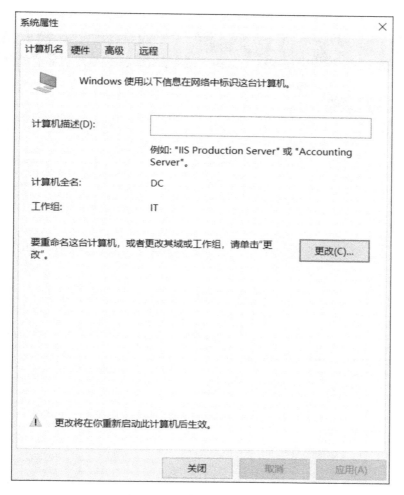

图 1-23

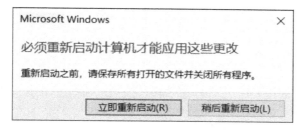

图 1-24

4.设置网络参数

步骤 1 打开【服务器管理器】窗口,选择左侧的【本地服务器】选项(图 1-25),单击【由 DHCP 分配的 IPv4 地址,IPv6 已启用】链接。

步骤 2 在【网络连接】窗口(图 1-26)中,鼠标右键单击【Ethernet0】,在弹出的快捷菜单中选择【属性】命令。

图 1-25

图 1-26

步骤3　在【Ethernet0 属性】对话框(图 1-27)中,勾选【Internet 协议版本 4(TCP/IPv4)】复选框,单击【属性(R)】按钮。

步骤4　在弹出的如图 1-28 所示的【Internet 协议版本 4(TCP/IPv4)属性】对话框中,选中【使用下面的 IP 地址(S):】单选按钮,手动设置服务器的 IP 地址为"192.168.10.1"、子网掩码为"255.255.255.0"、默认网关为"192.168.10.254",单击【确定】按钮。

步骤5　返回【Ethernet0 状态】对话框(图 1-29),单击【详细信息(E)...】按钮。

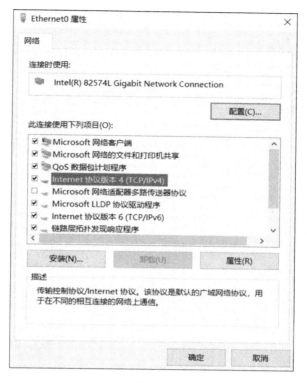

图 1-27

图 1-28

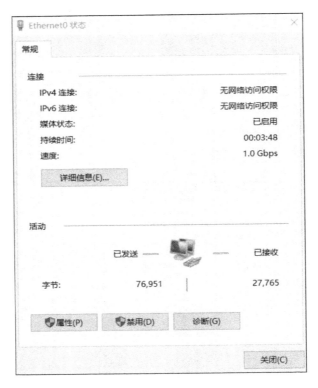

图 1-29

步骤 6　在弹出的【网络连接详细信息】对话框（图 1-30）中，可以查看设置的 IP 地址、子网掩码、默认网关等。

图 1-30

5.配置防火墙,放行 ping 命令

方法一:在防火墙设置中新建并启用一条允许 ICMPv4 协议通过的规则。

方法二:在设置防火墙时,在【入站规则】中启用【文件和打印机共享(回显请求-ICMPv4-in)的预定义规则(默认不启用)】。

下面介绍方法一的具体步骤(方法二在【入站规则】中设置即可)。

步骤 1 单击开始图标→【Windows 系统】→【控制面板】→【系统和安全】→【Windows Defender 防火墙】→【高级设置】选项。在打开的【高级安全 Windows Defender 防火墙】窗口中,选择左侧目录树中的【入站规则】选项(图 1-31)。

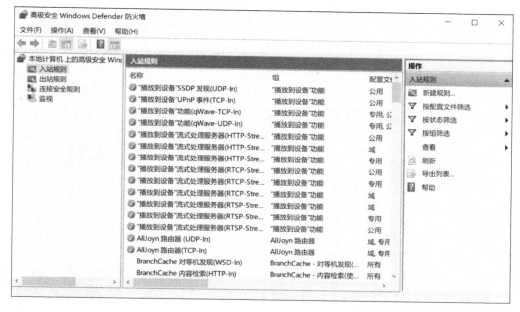

图 1-31

步骤 2 单击【操作】菜单,选择【新建规则...】,在出现的【新建入站规则向导】对话框的【规则类型】窗口中选择【自定义(C)】单选按钮(图 1-32)。

步骤 3 单击【步骤:】列下的【协议和端口】,在【协议类型(P):】下拉列表中选择"ICMPv4"(图 1-33)。

步骤 4 单击【步骤:】列下的【操作】,在【连接符合指定条件时应该进行什么操作?】下选择【允许连接(A)】(图 1-34)。

步骤 5 单击【步骤:】列下的【名称】,在【名称(N):】下输入本规则的名称,如:ICMPv4 规则(图 1-35)。单击【完成(F)】按钮,使规则生效。

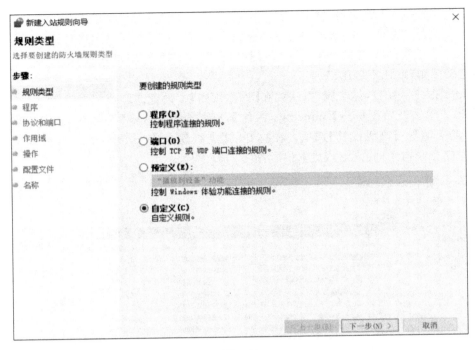

图 1-32

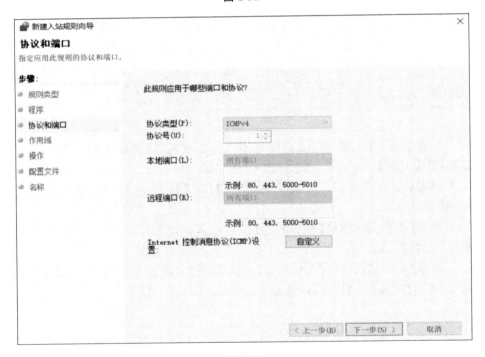

图 1-33

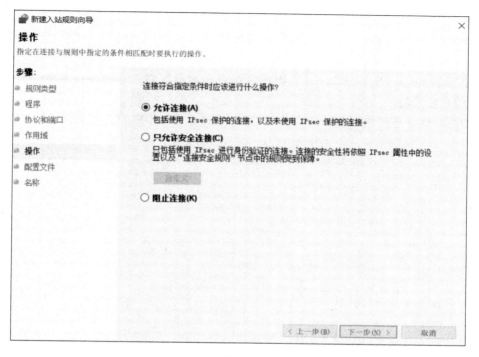

图 1-34

图 1-35

任务小结

（1）使用 Windows Server 2019 时，用户需要合理地设置计算机名，以便于识别服务器的角色功能。

（2）使用 Windows Server 2019 时，用户需要正确地设置服务器的网络参数信息，才能使用服务器的角色功能。

（3）为更好地管理网络中的计算机资源，用户需要设置计算机的隶属属性（域或工作组）。

项目 2   部署企业文件服务器

GCX 公司在日常运行中会产生大量的电子文档资料,为便于分类管理,公司决定部署企业内部文件服务器,为公司员工提供文件共享服务。

文件服务器的文件共享必须合理地分配权限,权限决定用户账户或组账户可以访问的数据、资源。Windows Server 2019 的文件服务器可以提供匿名共享和实名共享服务,是利用用户账户(组账户)和新技术文件系统(New Technology File System,NTFS)权限管理实施权限分配的。

通过设置 NTFS 访问权限为用户账户或组账户分配不同的访问权限,将共享服务权限和NTFS 权限配合使用即可实现本项目的要求。

◆ **项目目标**

(1)理解 Windows Server 2019 用户账户及组账户的概念;

(2)理解 NTFS 文件系统权限设置的意义;

(3)掌握本地账户的创建与管理;

(4)掌握本地组账户的创建与管理;

(5)掌握共享权限、NTFS 权限的配置。

◆ **相关知识**

1. 本地账户

每一位用户在使用计算机时必须登录该计算机,登录即需要输入有效的用户账户和密码。Windows Server 2019 通过赋予用户账户使用网络和计算机资源的权限,以确保数据访问、存储安全。

本地账户在本地设备上定义,并且只能在本地设备上分配权限和权利。本地账户是安全主体,用于保护和管理服务或用户对设备上资源的访问。

2. 内置本地账户

以下是两个重要的系统内置本地账户。

(1)Administrator(系统管理员):它拥有最高的管理权限,可以利用它来执行整台计算机的管理工作,例如建立用户账户与组账户等。此账户无法被删除,但安全起见,建议将其改名。

(2)Guest(来宾):它是供没有账户的用户临时使用的账户,它的权限很低。此账户无法被删除,但可以将其改名。此账户默认是被禁用的。

3.组账户

组账户是用户账户的集合,合理使用组账户可以同时为多个用户账户或计算机账户指派一组公共的资源访问权限或系统管理权利,而不必单独为每个账户指派权限和权利,从而简化管理、提高效率。

4.内置本地组账户

系统内置的本地组账户被赋予了一些权限,目的是让它们具备管理本地计算机或访问本地资源的能力。在此基础上,如果用户账户被加入本地组,则它们就会具备该组所拥有的权限。以下列出一些常用的本地组。

(1)Administrators:该组内的用户具备系统管理员的权限,它们拥有对这台计算机最大的控制权,可以执行整台计算机的管理工作。内置的系统管理员 Administrator 就隶属于该组,而且无法将它从该组内删除。

(2)Backup Operators:该组内的用户可以通过 Windows Server Backup 工具来备份与还原计算机内的文件,不论它们是否有权限访问这些文件。

(3)Guests:该组内的用户无法永久改变其桌面的工作环境,当它们登录时,系统会为它们建立一个临时的工作环境(临时的用户配置文件),而注销时此临时的环境就会被删除。该组默认的成员为用户账户 Guest。

(4)Network Configuration Operators:该组内的用户可以执行常规的网络配置操作,例如更改 IP 地址,但是不能安装、删除驱动程序与服务,也不能执行与网络服务器(例如 DNS、DHCP 服务器)配置有关的操作。

(5)Remote Desktop Users:该组内的用户可以利用远程桌面来登录本地计算机。

(6)Users:该组内的用户只拥有一些基本权限,例如执行应用程序、使用本地打印机等,它们不能将文件夹共享给网络上的其他用户,不能使计算机关机等。所有新建的本地账户都会自动隶属于该组。

5.特殊组账户

Windows Server 中还有一些特殊组,这些组的成员无法被更改。以下列出几个常用的特殊组。

(1)Everyone:所有用户都属于这个组。如果 Guest 账户被启用,为 Everyone 分配权限时则需谨慎,因为一位在此计算机内没有账户的用户通过网络登录此计算机时,会被自动允许利用 Guest 账户来连接,而此时 Guest 也隶属于 Everyone 组,所以它将具备 Everyone 组所拥有的权限。

(2)Authenticated Users:凡是利用有效用户账户登录此计算机的用户,都隶属于该组。

(3)Interactive:凡是在本地登录(通过按 Ctrl+Alt+Delete 键登录)的用户,都隶属于该组。

(4)Network:凡是通过网络登录此计算机的用户,都隶属于该组。

(5)Anonymous Logon:凡是未利用有效的用户账户来连接的使用者(匿名用户),都隶属于该组。Anonymous Logon 默认不隶属于 Everyone 组。

6.文件夹共享

共享文件夹是指某个计算机用来和其他计算机相互分享的文件夹。在一台服务器上把某个文件夹设置为共享文件夹,该文件夹就可以被网络上的其他用户使用,从而实现文件资源的共享。

位于复原文件系统(Resilient File System,ReFS)、NTFS、文件分配表(File Allocation table,FAT)、32位二进制数文件分配表(File Allocation table 32,FAT32)或扩展文件分配表(Extended File Allocation Table File System,exFAT)磁盘内的文件夹,都可以被设置为共享文件夹,然后通过共享权限将访问权限赋予网络用户。

7. 共享权限

共享权限即网络用户访问共享文件夹时使用的权限,表2-1列出了共享权限的类型与其所具备的访问能力。

表 2-1　共享权限类型及能力

具备的能力	权限类型		
	读取	更改	完全控制
查看文件名与子文件夹名称;查看文件内容;执行程序	√	√	√
新建与删除文件、子文件夹;更改文件内容		√	√
更改权限(只适用于 NTFS、ReFS 内的文件或文件夹)			√

8. NTFS 权限

相对于 FAT 和 FAT32,NTFS 具有支持长文件名、数据保护、数据恢复、更大的磁盘/卷空间、文件加密、磁盘压缩、磁盘限额等功能。因此,NTFS 目前已成为 Windows 服务器常用的文件系统。

NTFS 权限通常分为两类:标准访问权限和特殊访问权限。

(1)标准访问权限。

标准访问权限主要是指常用的 NTFS 权限,包括读取、写入、列出文件夹内容、读取和执行、修改、完全控制。

读取:用户可以查看目录中的文件和子文件夹,还可以查看文件的属性、权限和所有权。

写入:用户可以创建新文件和子文件夹,还可以更改文件夹的属性及查看文件夹权限和所有权。

列出文件夹内容:用户除了拥有“读取”的所有权限,还可以遍历子文件夹。

读取和执行:用户除了拥有“读取”的所有权限,还可以运行文件夹下的可执行文件,权限和“列出文件夹内容”的相同,只是权限继承方面有所区别。“列出文件夹内容”权限只能由文件夹继承,而“读取和执行”由文件夹和文件同时继承。

修改:除了能够执行“读取”“写入”“列出文件夹内容”“读取和执行”权限提供的操作,用户还可以删除、重命名文件和文件夹。

完全控制:用户可以执行所有其他权限的操作,可以取得所有权、更改权限及删除文件和子文件夹。

(2)特殊访问权限。

标准访问权限可以满足大部分场景的需求,但对于权限管理要求严格的项目,标准访问权限就无法满足需求了,示例如下:

例 1：只赋予指定用户创建文件夹的权限，但没有创建文件的权限。

例 2：只允许指定用户删除当前目录中的文件，但不允许删除当前目录中的子目录。

显然这两个示例都无法通过设置标准访问权限来完成，它需要用到更高级的特殊访问权限功能。特殊访问权限主要包括遍历文件夹/运行文件、列出文件夹/读取数据、读取属性、读取扩展属性、创建文件/写入数据、创建文件夹/附加数据、写入属性、写入扩展属性、删除子文件夹及文件、删除当前文件夹及文件、读取权限、更改权限、取得所有权。

遍历文件夹/运行文件：该权限允许用户在文件夹及其子文件夹之间移动（遍历），即使对这些文件夹本身没有访问权限。对于文件来说，还允许用户执行程序文件。

列出文件夹/读取数据：该权限允许用户查看文件夹中的文件名称、子文件夹名称和查看文件中的数据。

读取属性：该权限允许用户查看文件或文件夹的属性（如只读、隐藏等属性）。

读取扩展属性：该权限允许查看文件或文件夹的扩展属性。

创建文件/写入数据：该权限允许用户在文件夹中创建新文件，也允许将数据写入现有文件并覆盖现有文件中的数据。

创建文件夹/附加数据：该权限允许用户在文件夹中创建新文件夹或允许用户在现有文件的末尾添加数据，但不能对文件现有的数据进行覆盖、修改，也不能删除数据。

写入属性：该权限允许用户更改文件或文件夹的属性（如只读、隐藏等属性）。

写入扩展属性：该权限允许用户对文件或文件夹的扩展属性进行修改。

删除子文件夹及文件：该权限允许用户删除文件夹中的子文件夹及文件。

删除：该权限允许用户删除当前文件夹及文件。

读取权限：该权限允许用户读取文件或文件夹的权限列表。

更改权限：该权限允许用户改变文件或文件夹上的现有权限。

取得所有权：该权限允许用户获取文件或文件夹的所有权，一旦获取了所有权，用户就可以对文件或文件夹进行全权控制。

9. 共享权限和 NTFS 权限的组合

在文件服务器中可以通过文件共享权限配置用户对共享目录的访问权限，但是如果该共享目录所在磁盘为 NTFS 磁盘，则该目录的访问权限还会受到 NTFS 权限的限制。因此，用户访问 NTFS 共享文件夹时，将受到 NTFS 权限和共享权限的双重约束。

例如，用户 User 对共享目录 share 具有写入权限，但 NTFS 权限限制 User 写入，则用户 User 将不具备该共享目录的写入权限，也就是只有当文件共享权限和 NTFS 权限都允许写入时，用户才被允许写入。在实际应用中，经常在文件共享权限中配置较大的权限，然后通过限制 NTFS 权限来实现用户对文件服务器共享目录的访问权限的配置。这个原则可以用一句话来概括：共享权限最大化，NTFS 权限最小化。

任务 1　创建和管理企业的用户账户、组账户

在服务器上创建和管理本地账户及本地组账户。

任务场景

Windows Server 2019 是多用户多任务的服务器操作系统,用户账户是登录或访问服务器的凭证。想合理地设置公司员工访问文件服务器的权限,需要在服务器上创建本地账户及组账户。

公司员工想登录到服务器或通过网络访问服务器及网络资源,必须有合法的用户账户。Windows Server 2019 通过创建用户账户,并赋予权限来保证使用网络和计算机资源的合法性,以确保数据访问、存储的安全。

本任务的具体要求如表 2-2 所示。

表 2-2　用户信息表

员工姓名	用户账户	密码	角色	备注
张寒	zhanghan	P@ssW0rd	销售部经理	Sales 组
李石	lishi	P@ssW0rd	销售部员工	Sales 组
陈刚	chengang	P@ssW0rd	财务部经理	Finances 组
徐惠	xuhui	P@ssW0rd	财务部员工	Finances 组

任务实施

1.创建本地账户

步骤 1　以系统管理员 Administrator 身份登录服务器,在【服务器管理器】窗口中单击【工具】菜单,在弹出的下拉式菜单中单击【计算机管理】,打开【计算机管理】窗口,如图 2-1 所示。

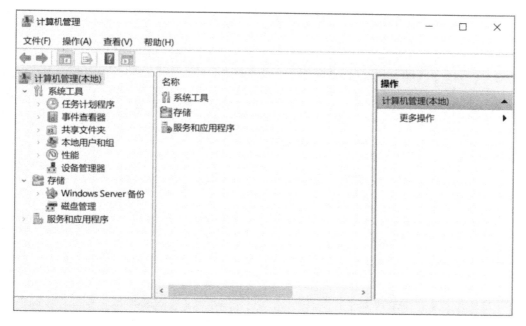

图 2-1

步骤2　在【计算机管理】窗口中，打开【用户】管理界面，如图2-2所示。

图 2-2

步骤3　鼠标右键单击【用户】图标，在弹出的快捷菜单中选择【新用户(N)...】命令，在打开的【新用户】对话框中输入需要创建的用户的相关信息即可完成新用户的创建(图2-3)。

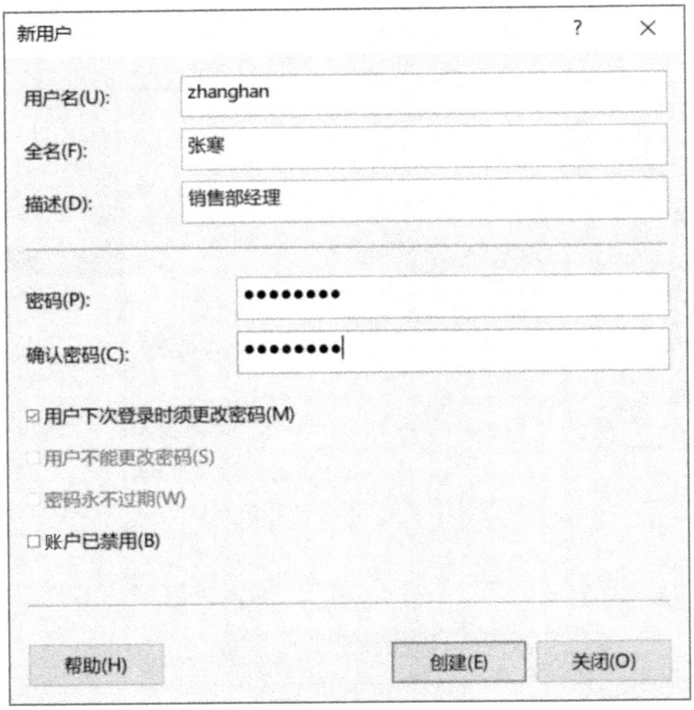

图 2-3

提示:【新用户】对话框中各选项的说明如下。

①用户名:系统本地登录时使用的用户名称。

②全名:用户的全称,辅助性的描述信息。

③描述:关于该用户的说明性文字,方便管理员识别用户。

④密码:用户登录时使用的密码。

⑤确认密码:为防止密码输入错误,需再输入一遍。

⑥用户下次登录时须更改密码:用户首次登录时,使用管理员分配的密码,当用户再次登录时,强制用户更改密码,用户更改后的密码只有自己知道,这样可保证账号的安全性。取消勾选【用户下次登录时须更改密码(M)】复选框,【用户不能更改密码(S)】和【密码永不过期(W)】这两个选项将可用。

⑦用户不能更改密码:只允许用户使用管理员分配的密码。

⑧密码永不过期:密码默认的有效期为 42 天,超过 42 天系统会提示用户更改密码。选中此复选框表示系统永远不会提示用户修改密码。

⑨账户已禁用:选中此复选框表示无法再使用这个账户登录服务器或访问网络资源。适用于企业内某员工离职时,防止他人冒用该账户登录。

步骤 4　填入相关信息后,单击【创建(E)】按钮完成用户创建。单击【关闭(O)】按钮后,在【计算机管理】窗口的用户区域就能看见新建的用户了(图 2-4)。

同理,可完成其他用户创建。

图 2-4

2.创建本地组账户

步骤 1　以 Administrator 账户登录 Windows Server 2019 服务器,在【计算机管理】主窗口中打开【组】管理界面。在【组】的右键快捷菜单中单击【新建组(N)...】命令,在弹出的【新建组】对话框中输入组名"Sales",如图 2-5 所示。

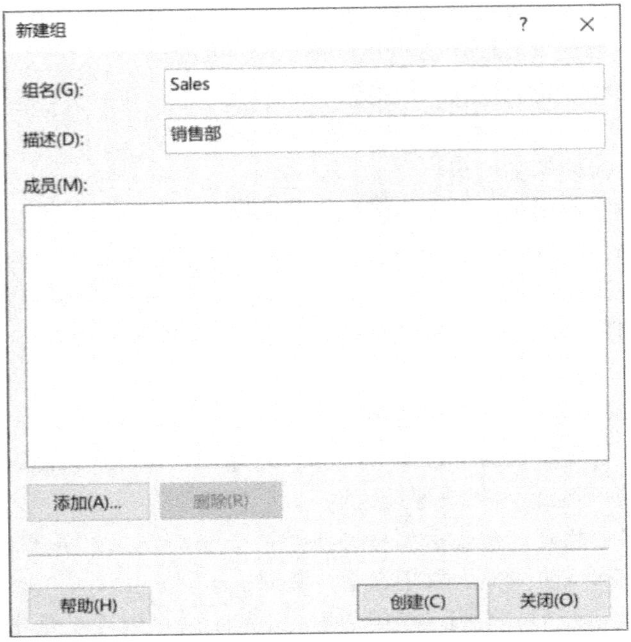

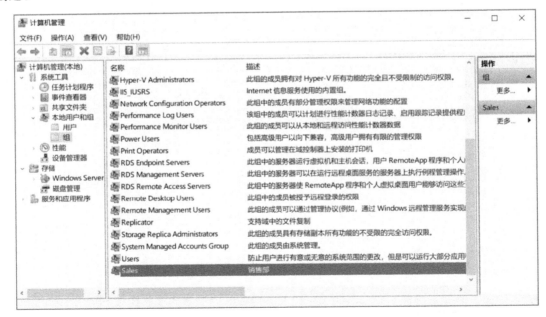

图 2-5

步骤 2　单击【创建(C)】按钮,完成 Sales 组创建(图 2-6),以类似操作完成 Finances 组的创建。

图 2-6

3.管理本地组账户成员

步骤 1　在账户【zhanghan】的右键快捷菜单中选择【属性】命令,打开【zhanghan 属性】对话框,如图 2-7 所示。

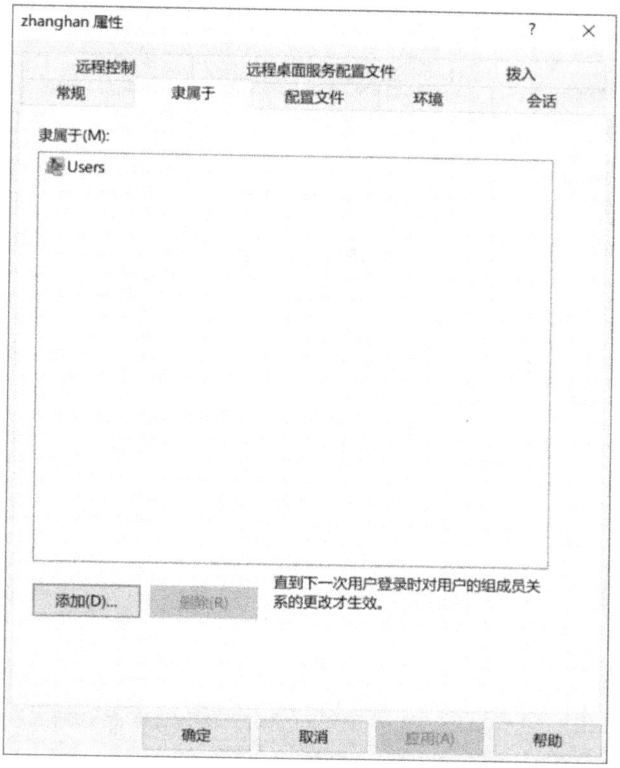

图 2-7

步骤2　打开【隶属于】选项卡，并单击选项卡中的【添加（D）...】按钮，系统弹出【选择组】对话框，如图 2-8 所示。

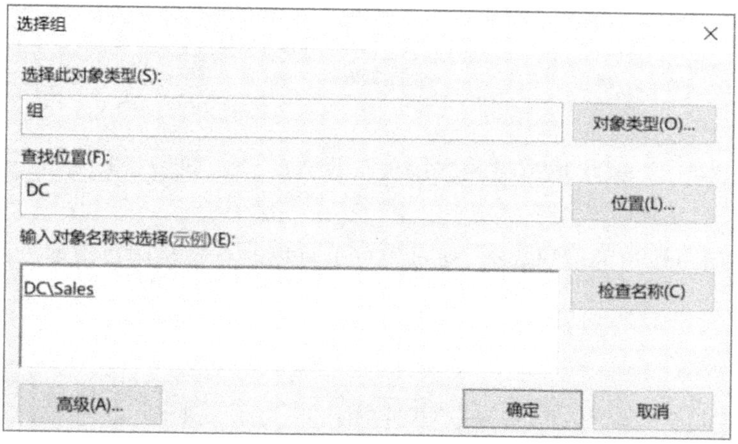

图 2-8

步骤3　在【选择组】对话框中输入"Sales"，然后单击【检查名称（C）】按钮完成管理员组的自动添加，单击【确定】按钮完成将用户加入 Sales 组的操作，如图 2-9 所示。

步骤4　按照以上操作步骤，将用户账户【lishi】加入 Sales 组，将账户【chengang】和【xuhui】加入 Finances 组中。

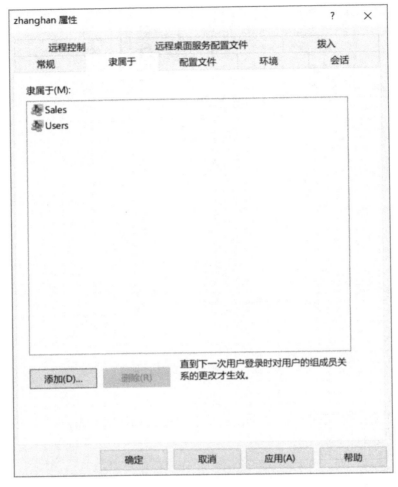

图 2-9

任务小结

(1)Windows Server 2019 网络操作系统通过用户账户辨别用户身份,管理使用计算机资源的权限分配。

(2)组账户是用户账户的逻辑集合,通过用户组可以对具有相同权限要求的用户进行权限统一管理。

任务 2　配置与管理企业的文件服务器

创建共享文件夹,根据访问权限需要设置共享权限和 NTFS 权限。

任务场景

公司的文件服务器要求提供的共享目录如下:

①为公司所有员工提供一个公司通用文档的共享目录 public,允许下载;

②为销售部建立文件夹 sales，允许销售组的所有员工读取和写入，其他用户无权限；

③为财务部建立文件夹 finances，允许财务组的所有员工读取和写入，其他用户无权限；

④为公司所有员工提供一个私有的共享空间，方便员工办公，员工自己具有完全权限，其他用户无权限。

网络管理员根据以上要求为每个岗位规划了相应权限，员工的具体账户信息和共享目录访问权限如表 2-3 所示。

表 2-3　访问权限表

共享文件夹	组、用户	NTFS 权限	共享权限
c:\Data\public	everyone	读取	完全控制
c:\Data\sales	Sales	读取和写入	完全控制
c:\Data\finances	Finances	读取和写入	完全控制
c:\Data\personal\zhanghan	zhanghan	完全控制	完全控制
c:\Data\personal\lishi	lishi	完全控制	完全控制

任务实施

1. 创建公司通用文档的共享文件夹 public 并验证测试

步骤 1　在服务器 C:\Data 中创建存放公司通用文档的文件夹 public，如图 2-10 所示。

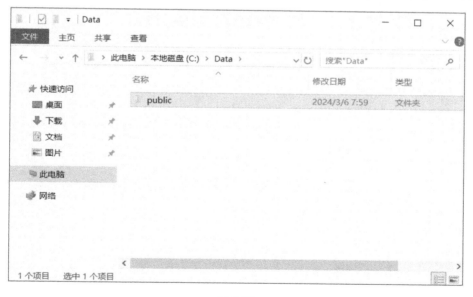

图 2-10

步骤 2　在【服务器管理器】窗口中单击【工具】菜单，在弹出的下拉式菜单中单击【计算机管理】，打开【计算机管理】窗口，如图 2-11 所示。

步骤 3　单击【共享文件夹】下的【共享】菜单，然后在右侧空白区域单击鼠标右键，在弹出的菜单中选择【新建共享】，在打开的对话框（图 2-12）中单击【下一步(N)>】按钮。

步骤 4　在【文件夹路径】界面中，设置【文件夹路径(F):】为"C:\Data\public"（图 2-13），

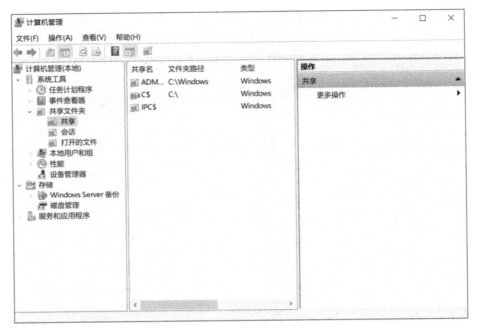

图 2-11

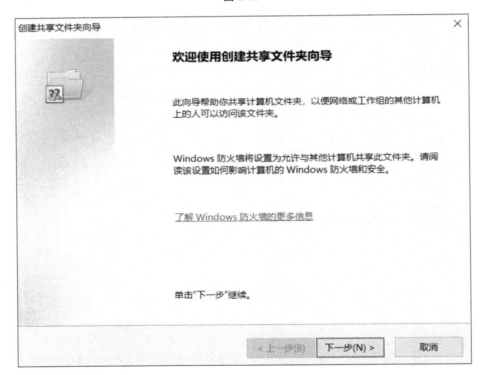

图 2-12

单击【下一步(N)＞】按钮,进入【名称、描述和设置】界面,再单击【下一步(N)＞】按钮。

　　步骤5　在【共享文件夹的权限】界面中,选中【所有用户有只读访问权限(A)】(图 2-14),单击【完成】按钮。

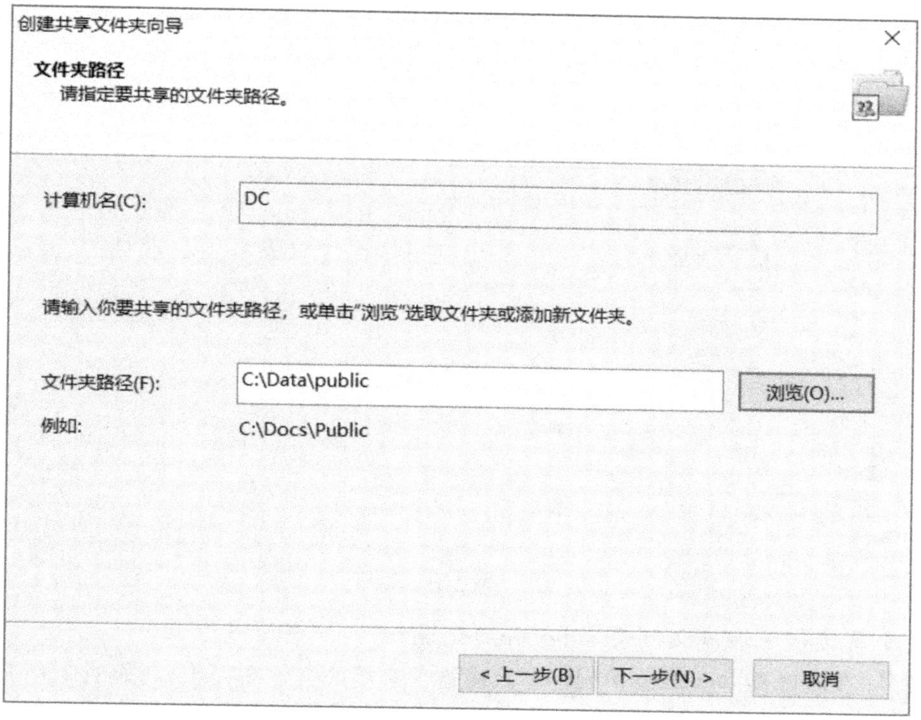

创建共享文件夹向导 ✕

文件夹路径
请指定要共享的文件夹路径。

计算机名(C)：　　　　DC

请输入你要共享的文件夹路径，或单击"浏览"选取文件夹或添加新文件夹。

文件夹路径(F)：　　　C:\Data\public　　　　　　　　　　　　　浏览(O)...

例如：　　　　　　　　C:\Docs\Public

< 上一步(B)　　下一步(N) >　　取消

图 2-13

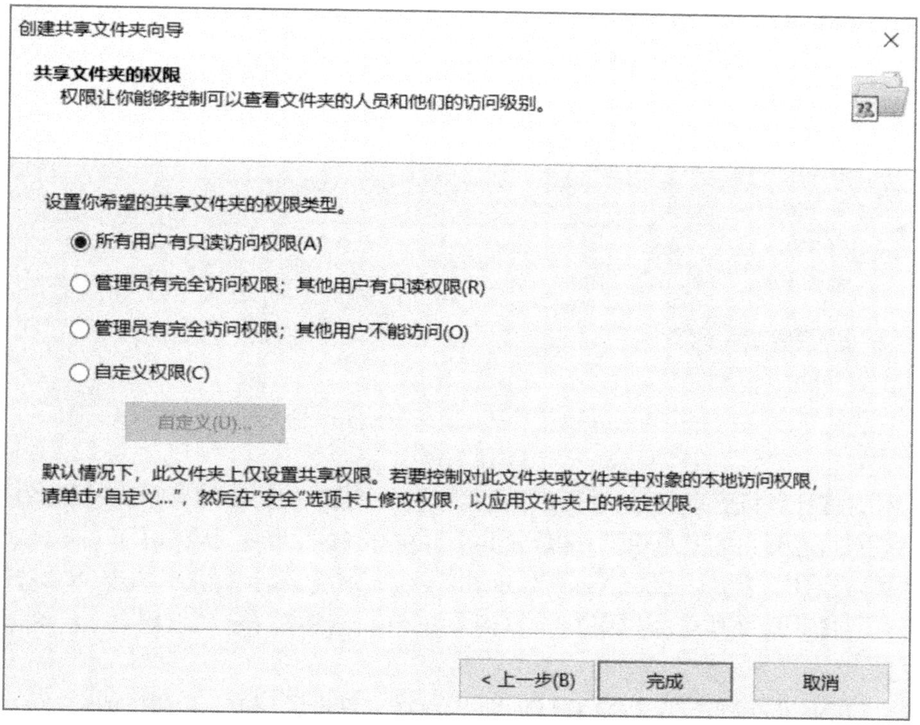

创建共享文件夹向导 ✕

共享文件夹的权限
权限让你能够控制可以查看文件夹的人员和他们的访问级别。

设置你希望的共享文件夹的权限类型。

◉ 所有用户有只读访问权限(A)

○ 管理员有完全访问权限；其他用户有只读权限(R)

○ 管理员有完全访问权限；其他用户不能访问(O)

○ 自定义权限(C)

　　　自定义(U)...

默认情况下，此文件夹上仅设置共享权限。若要控制对此文件夹或文件夹中对象的本地访问权限，
请单击"自定义..."，然后在"安全"选项卡上修改权限，以应用文件夹上的特定权限。

< 上一步(B)　　完成　　取消

图 2-14

步骤6 在任意客户机器上测试访问权限。打开资源管理器,在地址栏输入"\\192.168.10.1\public"(图2-15),按下Enter键即可。提示:服务器要启用Guest账户。

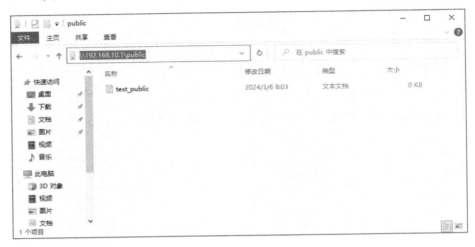

图 2-15

2.创建销售部的共享文件夹 sales 并验证测试

步骤1 在服务器C:\Data中创建存放销售部文档的文件夹"sales",如图2-16所示。

图 2-16

步骤2 在【计算机管理】窗口左侧单击【共享文件夹】下的【共享】菜单,然后在右侧空白区域单击鼠标右键,在弹出的菜单中选择【新建共享】,在打开的对话框中单击【下一步(N)＞】按钮,设置【文件夹路径(F):】为"C:\Data\sales",如图2-17所示,完成后单击【下一步(N)＞】按钮。

步骤3 在【共享文件夹的权限】窗口(图2-18)中,选中【自定义权限(C)】,单击【自定义(U)...】按钮。

步骤4 在弹出的【自定义权限】窗口(图2-19)中,单击【添加(D)...】按钮。

步骤5 在弹出的【选择用户或组】窗口(图2-20)中,输入组名"Sales",单击【检查名称(C)】,再单击【确定】按钮。

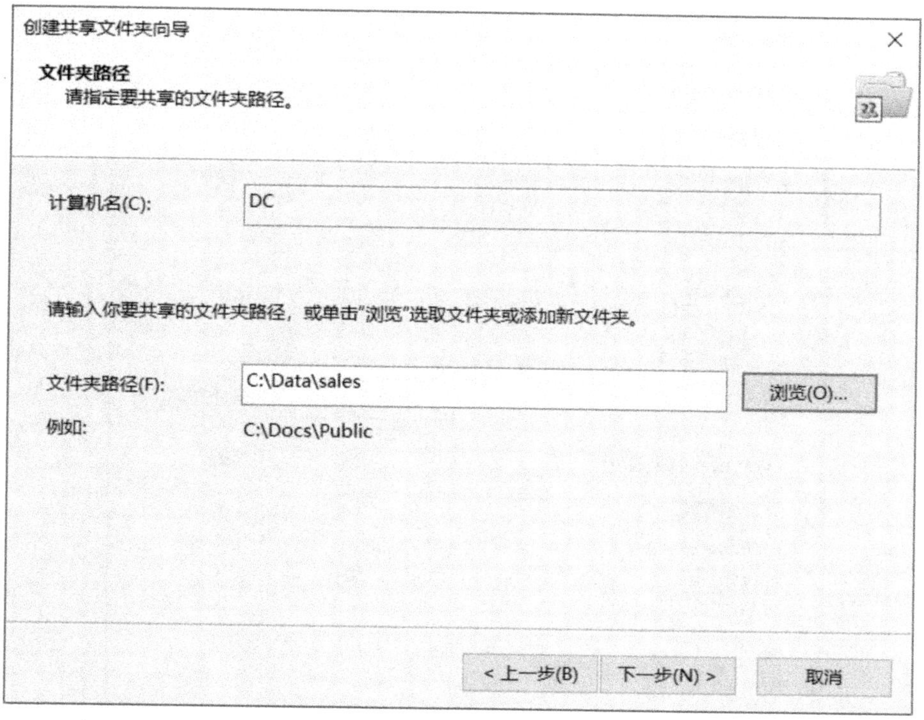

创建共享文件夹向导　　　　　　　　　　　　　　　　　　　　　　　　　　　　　×

文件夹路径
　　请指定要共享的文件夹路径。

计算机名(C):　　　　　　　DC

请输入你要共享的文件夹路径，或单击"浏览"选取文件夹或添加新文件夹。

文件夹路径(F):　　　　　　C:\Data\sales　　　　　　　　　　　　　　　浏览(O)...

例如:　　　　　　　　　　C:\Docs\Public

< 上一步(B)　　下一步(N) >　　　　取消

图 2-17

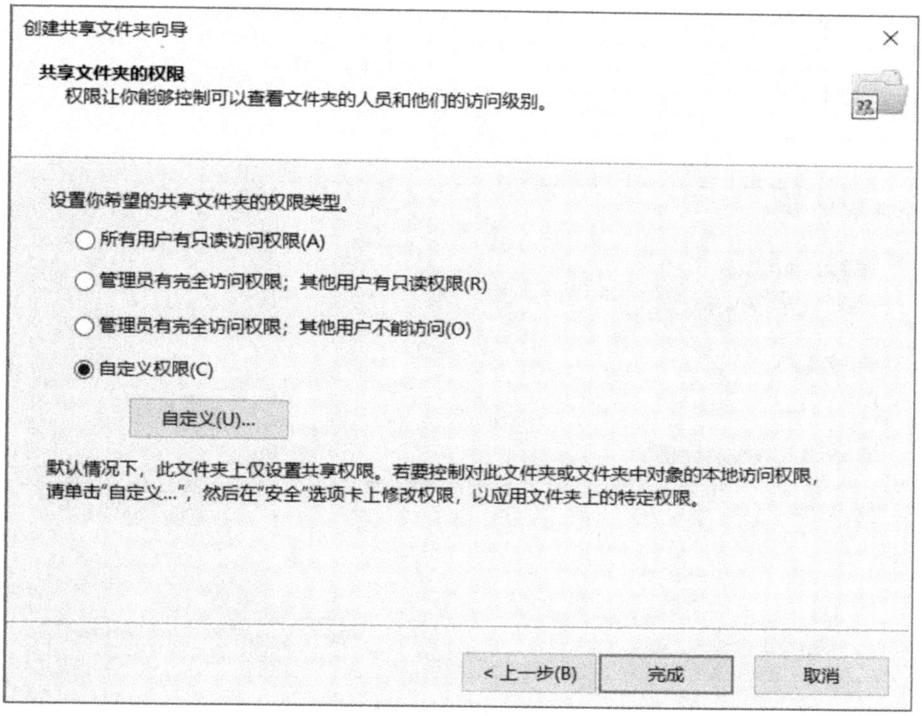

创建共享文件夹向导　　　　　　　　　　　　　　　　　　　　　　　　　　　　　×

共享文件夹的权限
　　权限让你能够控制可以查看文件夹的人员和他们的访问级别。

设置你希望的共享文件夹的权限类型。
- ○ 所有用户有只读访问权限(A)
- ○ 管理员有完全访问权限；其他用户有只读权限(R)
- ○ 管理员有完全访问权限；其他用户不能访问(O)
- ● 自定义权限(C)

　　　　自定义(U)...

默认情况下，此文件夹上仅设置共享权限。若要控制对此文件夹或文件夹中对象的本地访问权限，
请单击"自定义..."，然后在"安全"选项卡上修改权限，以应用文件夹上的特定权限。

< 上一步(B)　　完成　　　　取消

图 2-18

图 2-19

图 2-20

步骤 6 回到【自定义权限】窗口，在【Sales 的权限（P）】区域选择"更改"与"读取"（图 2-21），同时删除【组或用户名（G）:】区域的"Everyone"，单击【确定】按钮。

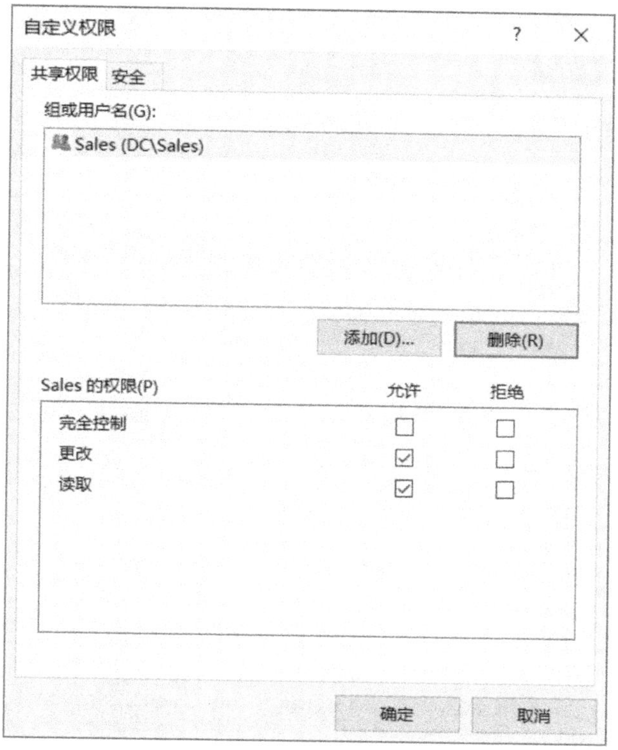

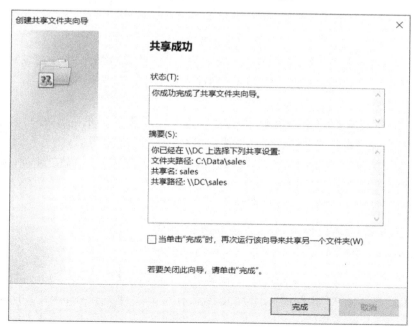

图 2-21

步骤 7 如图 2-22 所示，单击【完成】按钮，共享设置成功。

图 2-22

步骤8　设置 sales 文件夹的 NTFS 权限为：允许 Sales 组账户具有读取和写入权限。鼠标右键单击 sales 文件夹，在快捷菜单中选择【属性】命令，打开【sales 属性】对话框【安全】选项卡，如图 2-23 所示。

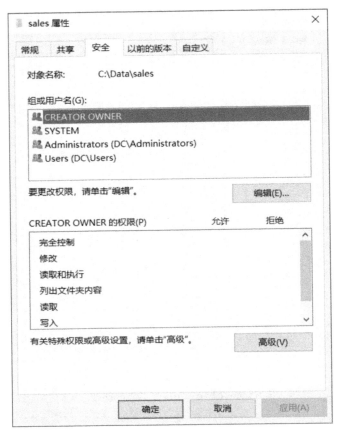

图 2-23

步骤9　单击【编辑（E）...】按钮，打开【sales 的权限】对话框（图 2-24），在该对话框中选择 Sales 组，然后选择读取和写入权限，单击【确定】按钮。

步骤 10　验证测试。

①在其他 PC 机器的资源管理器窗口中输入访问文件服务器的局域网共享地址\\192.168.10.1\sales，在弹出的对话框中输入用户【张寒】的账户名和密码。

②用户【张寒】隶属于 Sales 组，所以仅拥有读取和写入权限。可以访问 sales 文件夹，并能成功上传文档，结果如图 2-25 所示。

③用户【陈刚】隶属于 Finances 组，所以没有访问权限。

3.创建财务部的共享文件夹 finances 并验证测试

步骤同"2.创建销售部的共享文件夹 sales 并验证测试"。

4.创建私有的共享空间 zhanghan 并验证测试（以用户【张寒】为例）

步骤 1　在服务器 C:\Data\personal 中创建私有用户文件夹 zhanghan、lishi 等，如图 2-26 所示。

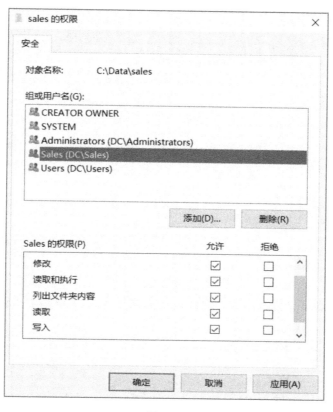

图 2-24

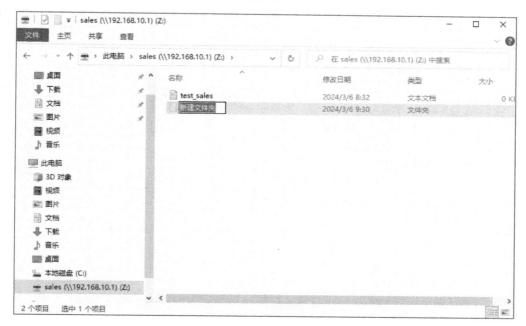

图 2-25

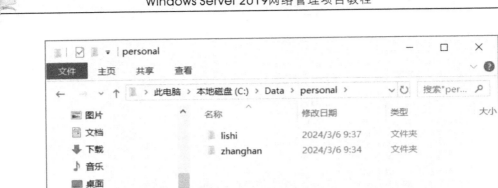

图 2-26

步骤 2 将 personal 文件夹的共享权限设置为完全共享,允许所有人读取/更改,如图 2-27所示。

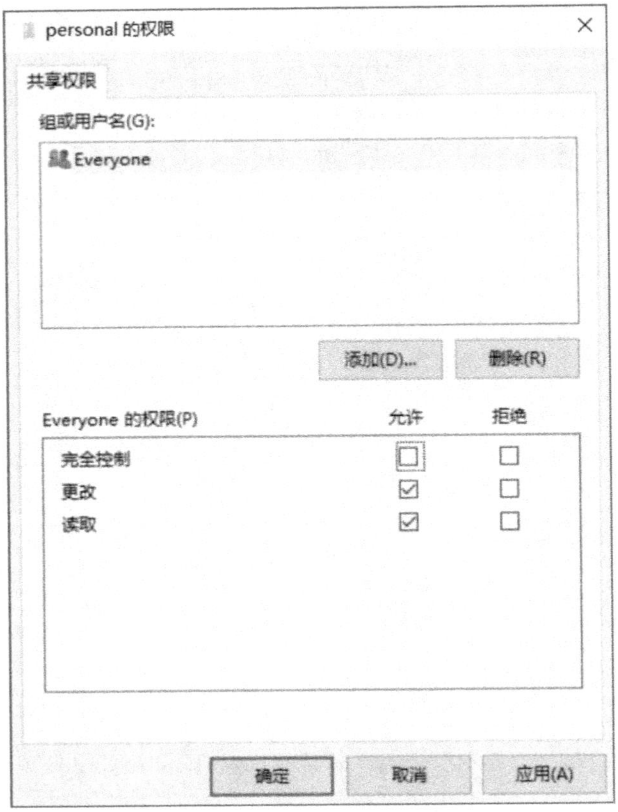

图 2-27

步骤 3　设置 zhanghan 文件夹的 NTFS 权限为仅允许【张寒】账户具有完全控制权限。鼠标右键单击 zhanghan 文件夹,在快捷菜单中选择【属性】命令,在打开的【zhanghan 属性】对话框【安全】选项卡中,单击【编辑(E)…】按钮,打开【zhanghan 的权限】对话框,在该对话框中选择用户【张寒(DC\zhanghan)】,然后设置完全控制权限,同时删除 Everyone 用户,如图 2-28 所示。

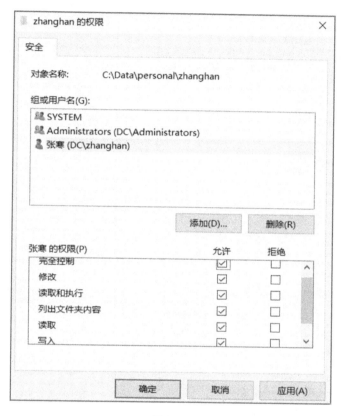

图 2-28

提示:配置员工账户目录的权限需要在【高级(V)】选项卡中取消该目录 NTFS 权限的继承性。可参考图 2-29、图 2-30 设置禁用权限继承。

步骤 4　验证测试。

①在其他 PC 的资源管理器输入访问文件服务器的局域网共享地址\\192.168.10.1\personal,在弹出的对话框中输入用户【张寒】的账户名和密码。只显示 zhanghan 的共享文件夹,如图 2-31 所示。

②用户【张寒】能够正常访问共享文件夹,并可写入或删除文件。

任务小结

(1)使用 Windows Server 2019 共享文件夹,可以创建公司的文件共享服务器。

(2)NTFS 文件系统新增的安全设置提供了文件夹的细致权限管理。

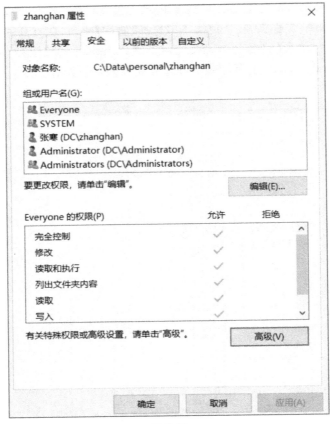

图 2-29

图 2-30

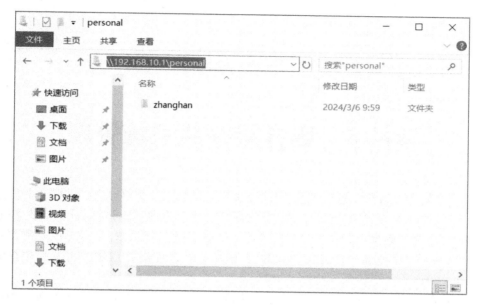

图 2-31

项目 3 服务器存储系统管理

GCX 公司新部署的文件服务器,已经能够实现公司员工分类存储文件的需求。随着公司业务的扩大,公司文件服务器已有的存储空间即将耗尽。为此,公司新购置了 5 块 4TB 的机械硬盘用于扩大存储容量,同时,考虑到文件服务器磁盘的数据读取/写入速度及数据存储的安全性要求,必须对服务器磁盘进行合理的管理,以提高服务器磁盘利用率及数据存储的安全性。

对于文件服务器提供的私人网盘,为避免无限制地耗用服务器磁盘空间及潜在的病毒威胁,服务器管理员还需对服务器存储空间进行必要的磁盘配额与文件屏蔽管理。

◆ 项目目标

(1)了解基本磁盘、动态磁盘的概念;

(2)了解磁盘配额与文件屏蔽的使用场景;

(3)掌握基本磁盘、动态磁盘的分区管理;

(4)掌握磁盘配额管理与文件屏蔽的配置。

◆ 相关知识

1. 磁盘

磁盘根据使用方式可以分为两类:基本磁盘和动态磁盘。

(1)基本磁盘。

基本磁盘使用主分区、扩展分区和逻辑驱动器组织数据。基本磁盘只允许将同一硬盘上的连续空间划分为一个分区。我们平时使用的磁盘一般都是基本磁盘。

在基本磁盘上最多只能建立 4 个分区,并且扩展分区数量最多也只能有 1 个,因此 1 个硬盘最多可以有 4 个主分区或者 3 个主分区加 1 个扩展分区。如果想在一个硬盘上建立更多的分区,需要创建扩展分区,然后在扩展分区上划分若干逻辑分区。

格式化的分区也称为卷(术语"卷"和"分区"通常互换使用)。

基本磁盘上的分区和逻辑驱动器称为基本卷。只能在基本磁盘上创建基本卷。

(2)动态磁盘。

动态磁盘是磁盘的一种属性。在动态磁盘上没有分区的磁盘概念,它以卷命名。卷和分区差距很大,同一分区只能存在于一个物理磁盘上,而同一个卷却可以跨越多达 32 个物理磁盘,可以满足更多大存储应用场景的需求。

动态磁盘针对有大容量、高 I/O、高可靠等需求的应用场景,系统管理员可以在动态磁盘中创建简单卷、跨区卷、带区卷、镜像卷、RAID-5 卷等类型的动态卷,以满足不同应用场景需求。

①简单卷:物理磁盘的一部分,但它工作时就好像是物理上的一个独立单元。简单卷是相当于 Windows NT 4.0 及更早版本中的主分区的动态存储。当只有一个动态磁盘时,简单卷是可以创建的唯一卷。

②跨区卷:将来自多个磁盘的未分配空间合并到一个逻辑卷中,这样可以更有效地使用多个磁盘系统上的所有空间和所有驱动器号。如果需要创建卷,但单个磁盘上又没有足够的未分配空间分配给这个卷,则可通过将来自多个磁盘的未分配空间的扇区合并到一起来创建一个足够大的跨区卷。用于创建跨区卷的单个磁盘上未分配空间区域的大小可以不同。跨区卷是这样组织的:先将一个磁盘上为卷分配的空间充满,再从下一个磁盘开始,继续将该磁盘上为卷分配的空间充满。

③带区卷:通过将 2 个或更多磁盘上的可用空间区域合并到一个逻辑卷而形成。带区卷使用 RAID-0,从而可以在多个磁盘上分布数据。带区卷不能被扩展或镜像,并且不具备容错能力。如果包含带区卷的其中一个磁盘出现故障,则整个卷无法工作。当创建带区卷时,最好使用相同大小、型号和来自同一制造商的磁盘。

④镜像卷:具有容错能力的卷,它通过使用卷的两个副本或镜像复制存储在卷上的数据从而提供数据冗余性。写入镜像卷上的所有数据都写入位于独立的物理磁盘上的两个镜像中。如果其中一个物理磁盘出现故障,则该故障磁盘上的数据将不可用,但是系统可以使用未受影响的磁盘继续操作。当镜像卷中的一个镜像出现故障时,必须将该镜像卷中断,使得另一个镜像成为具有独立驱动器号的卷。然后可以在其他磁盘中创建新镜像卷,该卷的可用空间应与之前相同或更大。当创建镜像卷时,最好使用大小、型号和制造商都相同的磁盘。

⑤RAID-5 卷:数据和奇偶校验间断分布在三个或更多物理磁盘的容错卷。如果物理磁盘的某一部分失败,可以用余下的数据和奇偶校验重新创建磁盘上失败的那一部分上的数据。对于多数活动由读取数据构成的计算机环境中的数据冗余来说,RAID-5 卷是一种很好的解决方案。

2.磁盘格式化

格式化是指对磁盘或磁盘中的分区(partition)进行初始化的一种操作,这种操作通常会导致现有磁盘或分区中所有的文件都被清除。

3.配额模板

当使用配额时,管理员不需要为每个涉及配额的文件夹定义存储限额,而是创建一个配额模板并将其应用到文件夹,从而简化配额策略的创建和维护。通过使用配额模板,管理员可以定义如下内容。

(1)配额磁盘空间的容量:用 KB、MB、GB 或者 TB 来定义空间的容量并将其作为模板配额。

(2)硬配额或者软配额:硬配额不允许用户在达到空间限制后存储文件,而软配额在用户超过限制策略时进行警告,但是允许用户在超过限额的情况下继续存储文件。

（3）通知阈值：在接近或超过配额限制的阈值时自动生成通知方式（电子邮件、事件日志、命令、报告）。

4. 使用配额

管理员创建好用户配额模板后，可以将该模板分配给用户的文件夹。当用户的文件夹存储容量接近配额限制时，可以发送电子邮件通知、记录事件、运行命令或脚本，或者生成存储报告。例如，当文件夹达到其配额限制的 85% 时，通知管理员以及保存该文件的用户，而当达到配额限制时发送另一个通知。如果以后决定为服务器上的每个用户增加空间，则只需更改用户配额模板中的空间限制并选择自动更新基于该配额模板的每个配额。

5. 文件组

在开始使用文件屏蔽之前，必须先了解用于确定屏蔽哪些文件的文件组的角色。【文件组】用于定义文件屏蔽或文件屏蔽例外的命名空间。文件组包含一组文件名模式，文件名模式分为要包含的文件和要排除的文件。

要包含的文件：属于该组的文件。

要排除的文件：不属于该组的文件。

例如，【音频文件】文件组可能包含如下文件名模式。

mp：包含采用 MPEG 格式（MP2、MP3 等）创建的所有音频文件。

*.mpp：排除在 Microsoft Project 中创建的文件（.mpp 文件），根据 *mp* 包含规则，这些文件本应包含在内。

文件服务器资源管理器提供多个默认文件组，可以通过在【文件屏蔽管理】中单击【文件组】节点来查看这些文件组。可以定义其他文件组，或更改要包含或排除的文件。针对文件组所做的任何更改都会影响所有包含该文件组的现有文件屏蔽、文件屏蔽模板和报告。

6. 文件屏蔽模板

为了简化文件屏蔽的管理，建议基于文件屏蔽模板创建文件屏蔽。Windows Server 2019 文件服务器资源管理器提供了多种默认文件屏蔽模板，这些模板可用于阻止音频和视频文件、可执行文件、图像文件和电子邮件文件，并可用于满足其他一些常见管理需求。

但是在自定义文件屏蔽时，管理员需要创建新的文件屏蔽模板。文件屏蔽模板定义要阻止的一组文件组、屏蔽类型（主动或被动），以及当用户尝试保存未经授权的文件时生成的一组通知。

（1）文件组：管理员可以将文件类型定义到组。例如，Office 文件组包括 *.docx 文件和 *.xlsx 文件。

（2）主动屏蔽和被动屏蔽：主动屏蔽阻止用户在服务器上保存未经过身份验证的文件类型，并且在他们试图完成该操作时生成已配置的通知；被动屏蔽将已配置的通知发送至正在保存特定文件类型的用户，但是它并不阻止用户保存那些文件。

（3）通知：当用户尝试保存文件屏蔽指定的文件类型时，会生成一个通知。这个通知可以自动生成电子邮件警告或者事件日志，执行一个脚本，然后生成一个报告并立即发送。

任务 1　磁盘管理

对服务器磁盘进行分区以优化数据存储管理。

任务场景

公司文件服务器的存储空间即将耗尽,需要为服务器添加 5 块磁盘,为兼顾磁盘的数据读取/写入速度及数据存储的安全性要求,考虑建立 RAID-5 卷。

任务实施

1. 初始化磁盘

步骤 1　添加 3 块 50GB 的磁盘。在服务器 DC 关机状态下,打开虚拟机 DC 的设置对话框,如图 3-1 所示。

图 3-1

步骤2 单击【添加（A）...】按钮，打开【添加硬件向导】对话框，在【硬盘类型】下选择【硬盘】，单击【下一步（N）＞】按钮（图3-2）。

图 3-2

步骤3 在【添加硬件向导】对话框的【选择磁盘类型】中选择【NVMe（V） （推荐）】（图3-3），单击【下一步（N）＞】按钮。

图 3-3

步骤4 在【添加硬件向导】对话框的【选择磁盘】中选择【创建新虚拟磁盘（V）】（图3-4），单击【下一步（N）＞】按钮。

50

图 3-4

步骤5　在【添加硬件向导】对话框的【指定磁盘容量】中设置【最大磁盘大小(GB)(S)：】为50GB(图 3-5)，单击【下一步(N)＞】按钮。

图 3-5

步骤6　在【添加硬件向导】对话框的【指定磁盘文件】中输入文件名(图 3-6)，可保留默认文件名，单击【完成】按钮。

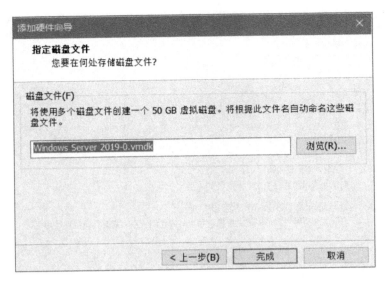

图 3-6

步骤 7 磁盘添加完成。同理,再添加 2 块 50GB 的磁盘,硬盘添加完成结果如图 3-7 所示。

图 3-7

步骤8 启动并登录服务器DC,在【服务器管理器】窗口中,单击【工具】菜单,在下拉列表中选择【计算机管理】命令,打开【计算机管理】窗口(图3-8)。

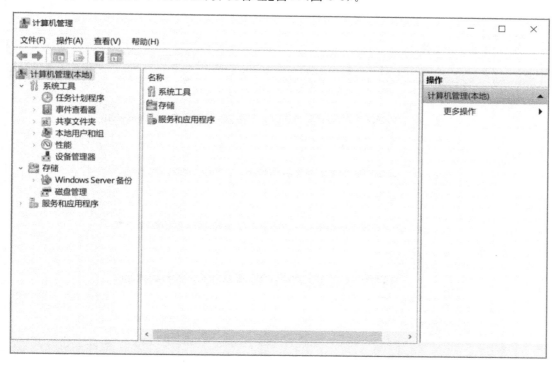

图 3-8

步骤9 在【计算机管理】窗口中,依次选择【计算机管理(本地)】【存储】【磁盘管理】,在弹出的【初始化磁盘】对话框中选择【GPT(GUID 分区表)(G)】单选按钮(图3-9),单击【确定】按钮。

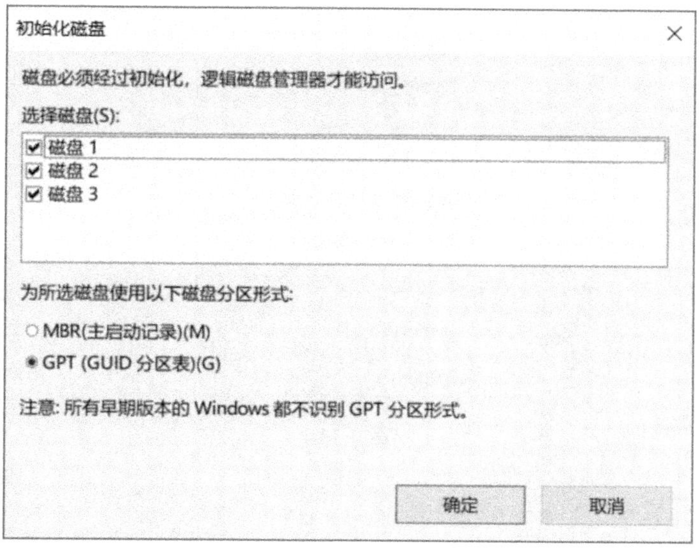

图 3-9

步骤10 在【计算机管理】窗口中,新添加的磁盘1、磁盘2、磁盘3已联机,如图3-10所示。

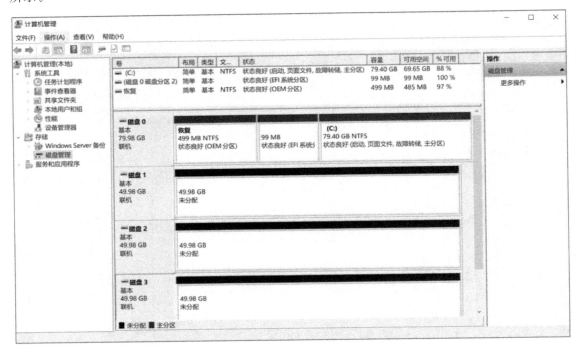

图 3-10

2.转换动态磁盘

步骤1 在【计算机管理】窗口的【磁盘管理】选区中右键单击【磁盘1】或【磁盘2】或【磁盘3】,在弹出的快捷菜单中选择【转换到动态磁盘(C)...】命令(图3-11),打开【转换为动态磁盘】对话框(图3-12)。

图 3-11

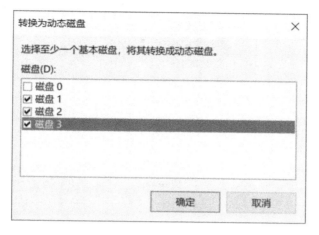

图 3-12

步骤 2 勾选【磁盘 1】【磁盘 2】【磁盘 3】前复选框,单击【确定】按钮,回到【计算机管理】窗口(图 3-13),发现磁盘 1、磁盘 2、磁盘 3 已是联机状态、动态类型。

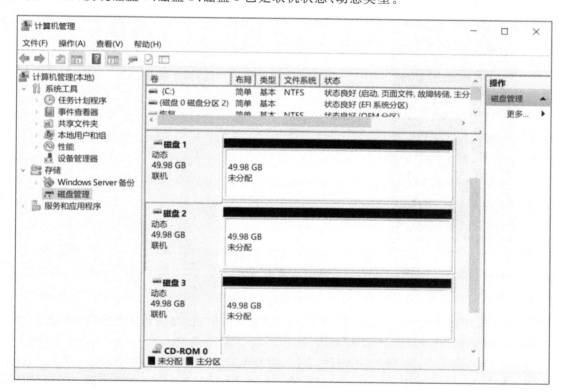

图 3-13

3. 创建 RAID-5 卷

步骤 1 在【磁盘 1】上,选择未分配磁盘区域,右键单击,在快捷菜单中选择【新建 RAID-5 卷(W)...】(图 3-14)。

步骤 2 在【欢迎使用新建 RAID-5 卷向导】窗口中单击【下一步(N)＞】按钮(图 3-15)。

图 3-14

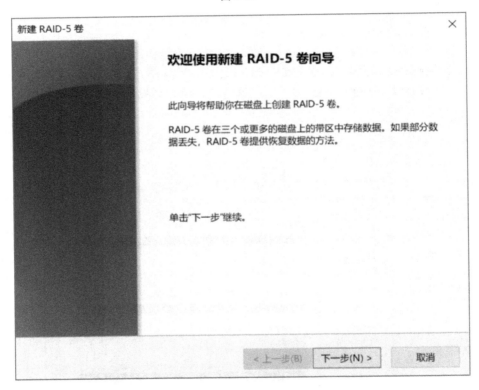

图 3-15

　　在【选择磁盘】窗口中,可以看到【已选的(S):】文本框中已有【磁盘 1　51182MB】,【可用(V):】下还有【磁盘 2　51182MB】和【磁盘 3　51182MB】(图 3-16)。

　　步骤 3　RAID-5 卷必须有 3 块磁盘,在【选择磁盘】窗口中,选择【磁盘 2　51182MB】,单击【添加(A)＞】按钮,选择【磁盘 3　51182MB】,单击【添加(A)＞】按钮,在【选择空间量(MB)(E):】文本输入框中设置每块磁盘使用空间,如输入"51182"(图 3-17)。单击【下一步(N)＞】按钮。

　　步骤 4　在【分配驱动器号和路径】窗口中,按默认设置,驱动器号为 E(图 3-18),单击【下一步(N)＞】按钮。

　　步骤 5　在【卷区格式化】窗口中,按默认设置,把 E 盘格式化成 NTFS 文件系统(图 3-19),单击【下一步(N)＞】按钮。

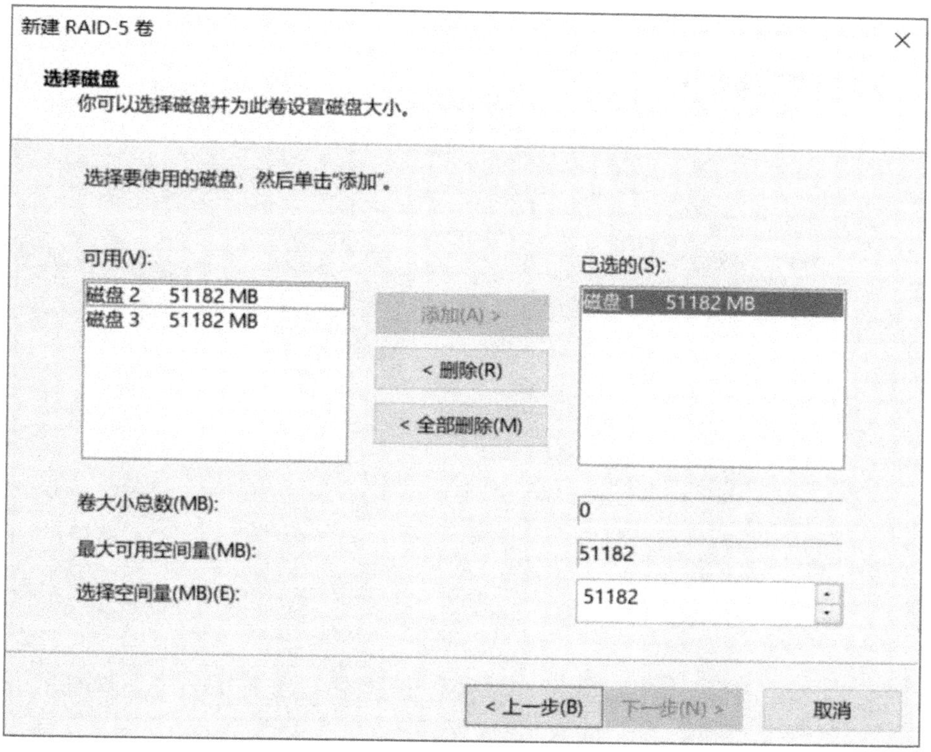

新建 RAID-5 卷 ✕

选择磁盘
你可以选择磁盘并为此卷设置磁盘大小。

选择要使用的磁盘，然后单击"添加"。

可用(V):

| 磁盘 2 | 51182 MB |
| 磁盘 3 | 51182 MB |

添加(A) >
< 删除(R)
< 全部删除(M)

已选的(S):

| 磁盘 1 | 51182 MB |

卷大小总数(MB): 0

最大可用空间量(MB): 51182

选择空间量(MB)(E): 51182

< 上一步(B)　下一步(N) >　取消

图 **3-16**

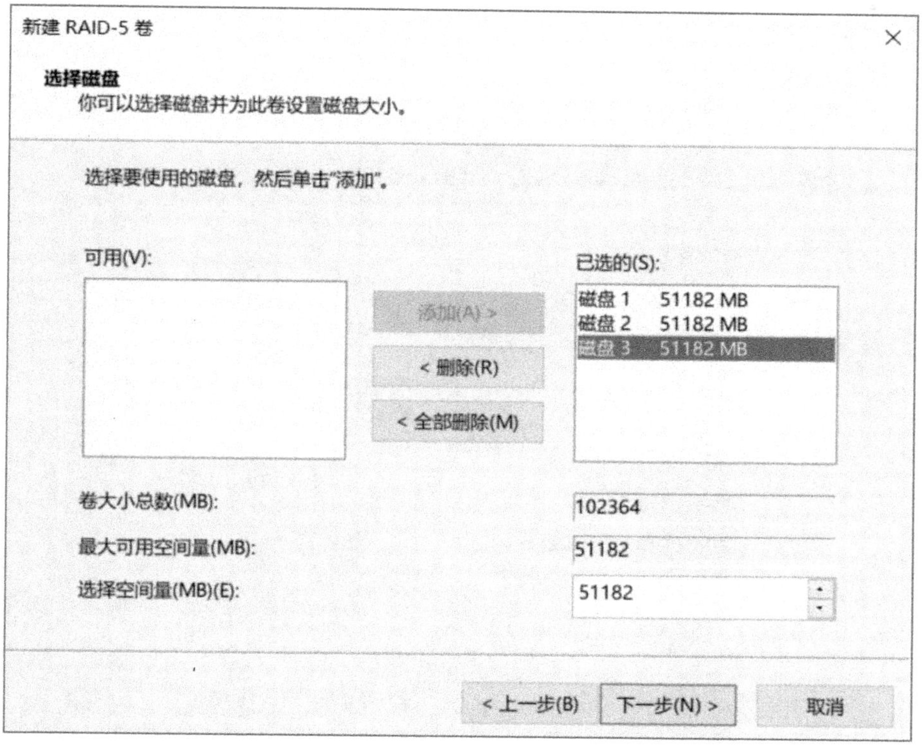

新建 RAID-5 卷 ✕

选择磁盘
你可以选择磁盘并为此卷设置磁盘大小。

选择要使用的磁盘，然后单击"添加"。

可用(V):

添加(A) >
< 删除(R)
< 全部删除(M)

已选的(S):

磁盘 1	51182 MB
磁盘 2	51182 MB
磁盘 3	51182 MB

卷大小总数(MB): 102364

最大可用空间量(MB): 51182

选择空间量(MB)(E): 51182

< 上一步(B)　下一步(N) >　取消

图 **3-17**

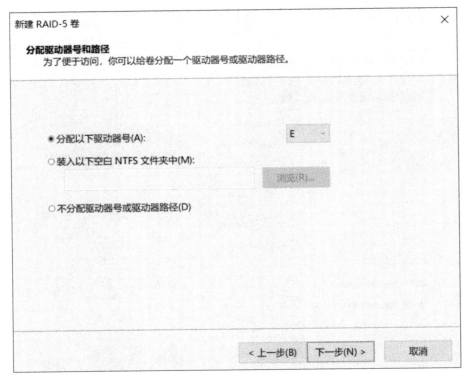

图 3-18

图 3-19

步骤6　在【正在完成新建 RAID-5 卷向导】窗口中，单击【完成】按钮，创建一个 100 GB 的 RAID-5 卷（图 3-20、图 3-21）。

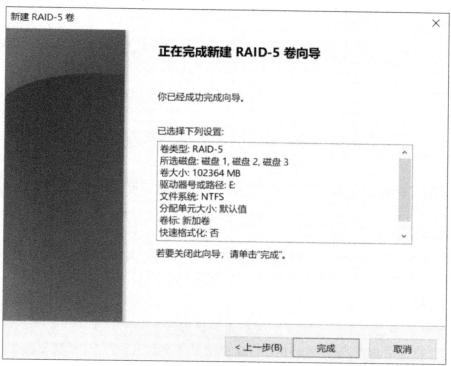

图 3-20

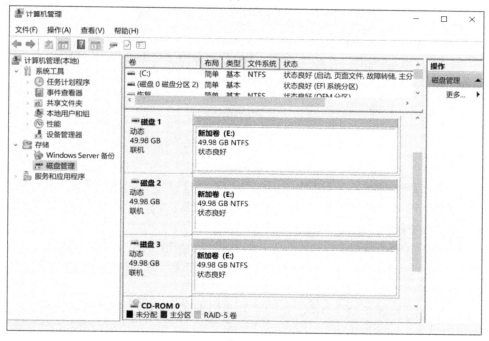

图 3-21

任务小结

(1)Windows Server 2019基本磁盘只支持简单卷管理,动态磁盘可以进行 RAID-0、RAID-1、RAID-5等卷的管理。

(2)RAID-5是目前服务器磁盘存储系统常用的磁盘阵列(Redundant Array of Independent Disks,RAID)技术,可同时存储数据和校验数据,能兼顾存储性能、数据安全、存储成本等各方面因素。

任务 2　磁盘配额管理

通过磁盘配额管理,限制用户在 NTFS 磁盘内的使用容量,避免个别用户占用大量的磁盘空间。

任务场景

限制网络用户使用文件服务器的存储空间,需要对 Data 文件夹进行存储配额管理,当文件夹存储容量达到 8.5GB 时,进行告警,容量达到 10GB 时,禁止写入。

任务实施

1.在文件服务器上安装文件服务器资源管理器

步骤1　使用管理员账号 Administrator 登录服务器 DC,在打开的【服务器管理器】窗口中,单击【管理(M)】→【添加角色和功能】选项(图 3-22)。

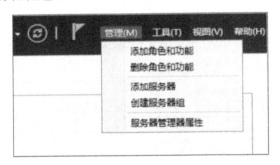

图 3-22

步骤2　单击【下一步(N)>】按钮,在【选择服务器角色】窗口中,单击【文件和存储服务】→【文件和 iSCSI 服务】,勾选【文件服务器资源管理器】复选框,在出现的窗口(图 3-23)中单击【添加功能】,再单击【下一步(N)>】按钮。

步骤3　在【功能】面板(图 3-24)中,保持默认设置,单击【下一步(N)>】按钮。

步骤4　在【确认】面板中,勾选【如果需要,自动重新启动目标服务器】复选框,在出现的窗口(图 3-25)中单击【是(Y)】按钮,再单击【安装(I)】按钮。

步骤5　【结果】面板中会显示【已在 DC 上开始安装】(图 3-26),等待安装完成后,单击【关闭】按钮。

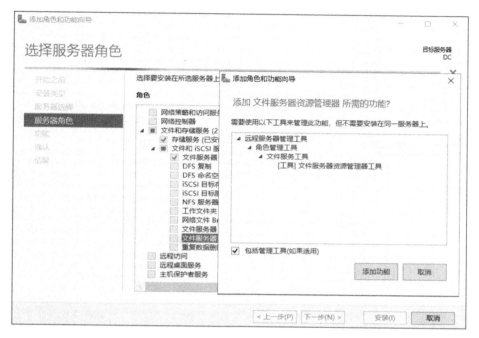

图 3-23

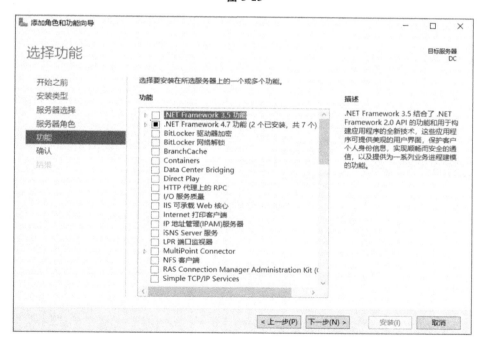

图 3-24

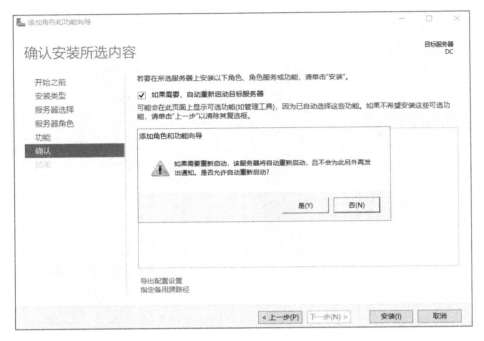

图 3-25

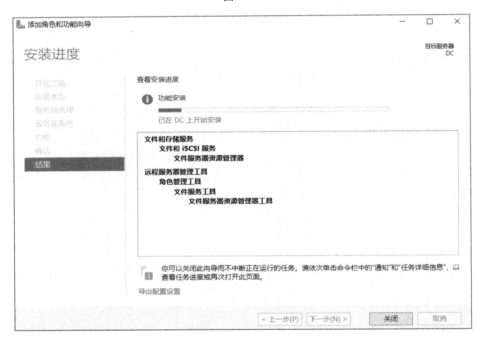

图 3-26

2.创建配额模板

步骤1　在【服务器管理器】中单击【工具】→【文件服务器资源管理器】，打开【文件服务器资源管理器】窗口（图3-27）。

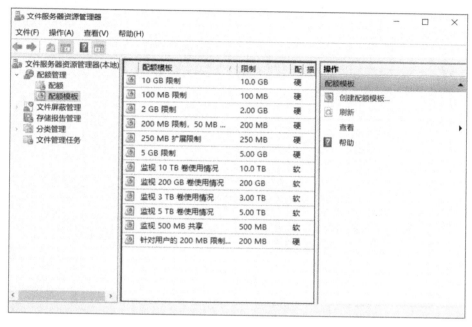

图 3-27

步骤2　展开【配额管理】，单击【配额模板】节点，单击菜单【操作（A）】→【创建配额模板（C）...】（图3-28）。

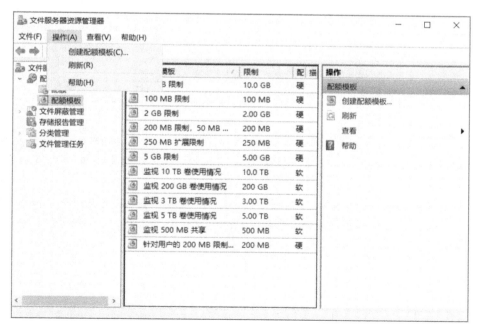

图 3-28

步骤3　打开【创建配额模板】对话框,在【模板名称(N):】文本框中输入"10GB 限制",在【空间限制】中的【限制(L):】文本框中输入"10",选中【硬配额(U):不允许用户超出限制】单选按钮,然后在【通知阈值(F)】区中单击【添加(A)...】按钮(图 3-29)。

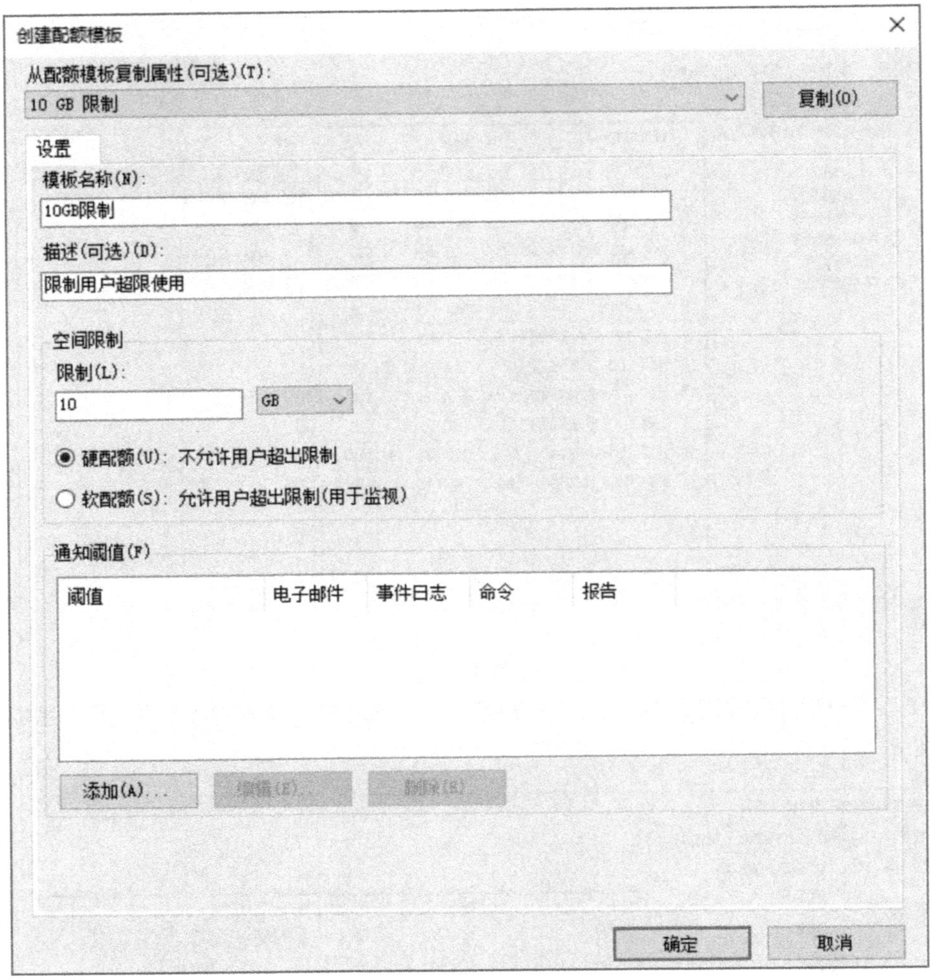

图 3-29

步骤4　在【添加阈值】对话框中的【使用率达到(%)时生成通知(G):】文本框中输入"85"。在【事件日志】选项卡中勾选【将警告发送至事件日志(W)】复选框,单击【确定】按钮(图 3-30)。

步骤5　在【创建配额模板】对话框(图 3-31)中,单击【确定】按钮完成配额模板信息创建。

步骤6　在【文件服务器资源管理器】窗口中,单击【配额模板】节点,配额模板中已出现名称"10GB 限制"的配额模板(图 3-32)。

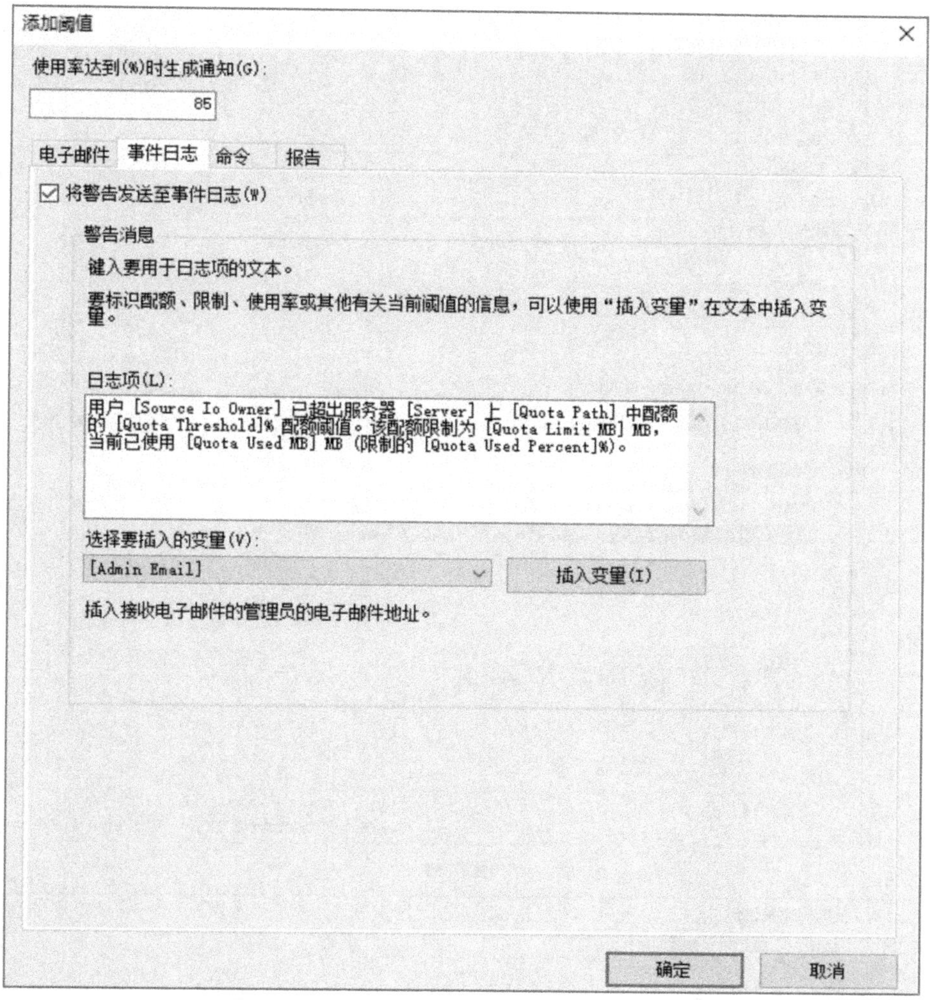

添加阈值

使用率达到(%)时生成通知(G):

> 85

电子邮件　事件日志　命令　报告

☑ 将警告发送至事件日志(W)

警告消息

键入要用于日志项的文本。

要标识配额、限制、使用率或其他有关当前阈值的信息,可以使用"插入变量"在文本中插入变量。

日志项(L):

用户 [Source Io Owner] 已超出服务器 [Server] 上 [Quota Path] 中配额的 [Quota Threshold]% 配额阈值。该配额限制为 [Quota Limit MB] MB, 当前已使用 [Quota Used MB] MB (限制的 [Quota Used Percent]%)。

选择要插入的变量(V):

[Admin Email]　　　　　　　　　　　　　　插入变量(I)

插入接收电子邮件的管理员的电子邮件地址。

确定　　取消

图 3-30

3. 配额配置

步骤 1　在【文件服务器资源管理器】窗口中,单击【配额】节点,单击菜单【操作(A)】→【创建配额(C)...】(图 3-33)。

步骤 2　在【创建配额】对话框中通过浏览方式确认配额路径为"C:\Data",选择【在路径上创建配额(Q)】单选项,在【从此配额模板派生属性(推荐选项)(T):】中选择"10GB 限制"模板,单击【创建】按钮(图 3-34)。

任务小结

(1)仅 NTFS 文件系统支持磁盘配额管理。

(2)系统管理员不受磁盘配额限制。

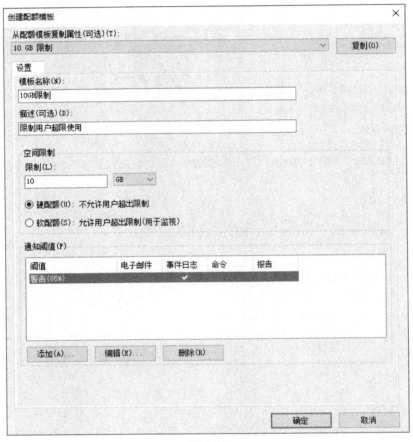

图 3-31

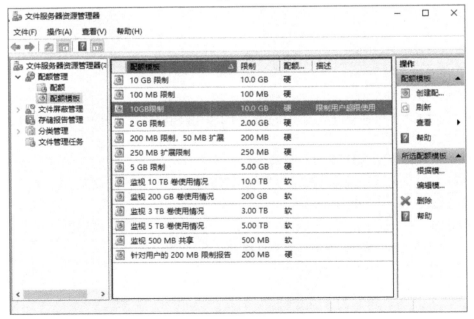

图 3-32

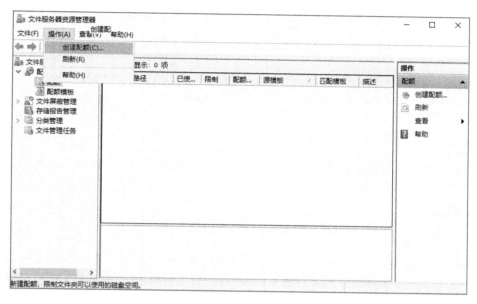

图 3-33

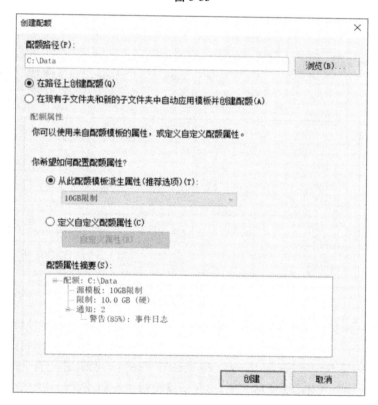

图 3-34

任务3 文件屏蔽配置

通过服务器的文件屏蔽功能限制用户在 NTFS 磁盘内存储可执行文件,保障服务器系统安全。

任务场景

公司要求禁止将某些类型的文件存放到公司的文件服务器上,需要对 test 文件夹进行文件屏蔽,当向该文件夹存入可执行文件.bat 时,将被禁止写入,并发出告警信息。

任务实施

1.创建文件屏蔽

步骤1 使用 DC\Administrator 域管理员登录 DC 服务器,选择【开始】→【Windows 管理工具】→【文件服务器资源管理器】,展开【文件屏蔽管理】,单击【文件屏蔽】节点,在窗口右侧选择【创建文件屏蔽…】(图 3-35),打开【创建文件屏蔽】对话框。

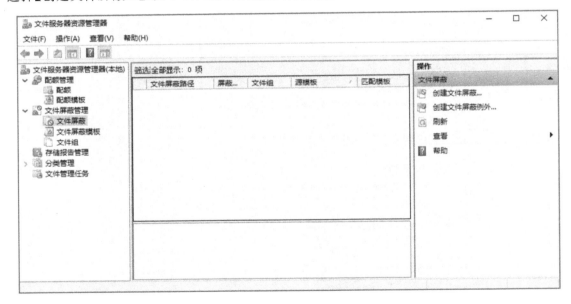

图 3-35

步骤2 在【创建文件屏蔽】对话框,通过浏览方式选择【文件屏蔽路径(P):】为"C:\Data"(图 3-36)。

步骤3 在【你希望如何配置文件屏蔽属性?】栏中,选择【定义自定义文件屏蔽属性(C):】,如图 3-36 所示,并单击【自定义属性(R)…】按钮。在【C:\Data 上的文件屏蔽属性】对话框中,选择【设置】选项卡,单击【主动屏蔽(A):不允许用户保存未经授权的文件】,并勾选【可执行文件】复选框(图 3-37)。

步骤4 选择【事件日志】选项卡,选择【将警告发送至事件日志(W)】复选框(图 3-38),单击【确定】按钮。

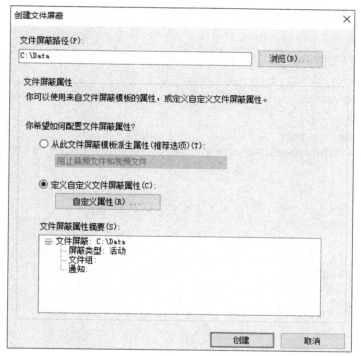

图 3-36

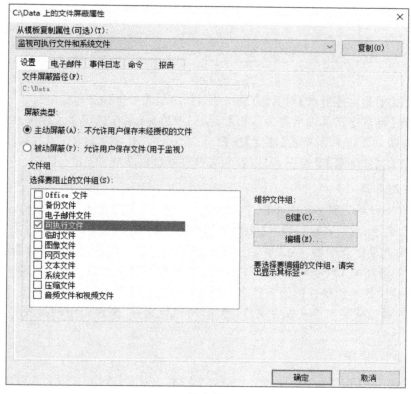

图 3-37

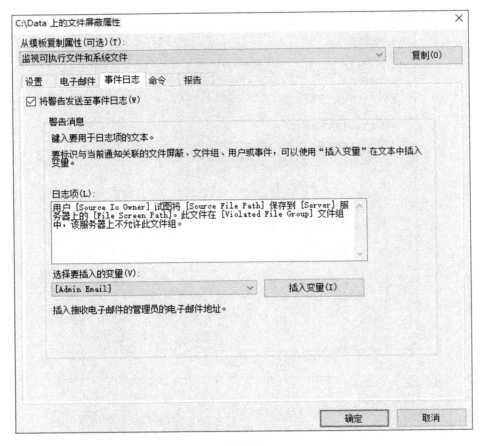

图 3-38

步骤 5　在【创建文件屏蔽】对话框(图 3-39)中,单击【创建】按钮。

步骤 6　在【将自定义属性另存为模板】对话框中选择【保存自定义文件屏蔽,但不创建模板(W)】单选按钮,(图 3-40),单击【确定】按钮。

步骤 7　在【文件屏蔽】节点下,可以看到文件屏蔽已创建成功(图 3-41)。

2.测试文件屏蔽

步骤 1　在 Server2 服务器上的【C:\Data】文件夹下,创建文本文档 test. txt,并将 test. txt 文件的扩展名. txt 改为. bat,提示【文件访问被拒绝】(图 3-42)。

步骤 2　检查事件查看器。在【事件查看器】控制台,展开【Windows 日志】选项,选择【应用程序】项,查找最新的 ID 为 8215 的事件,双击该事件,在【事件属性-事件 8215,SRMSVC】对话框(图 3-43)中显示此事件的警告信息。单击【关闭(C)】按钮。

步骤 3　若通过共享文件夹保存文件,出现"可执行文件"文件组中的扩展名,服务器也会拒绝执行(图 3-44)。

图 3-39

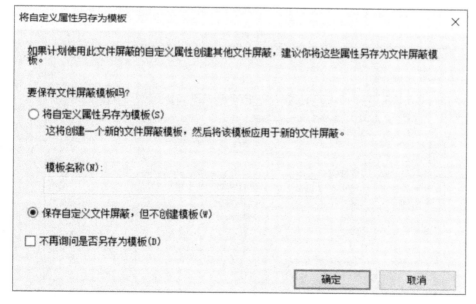

图 3-40

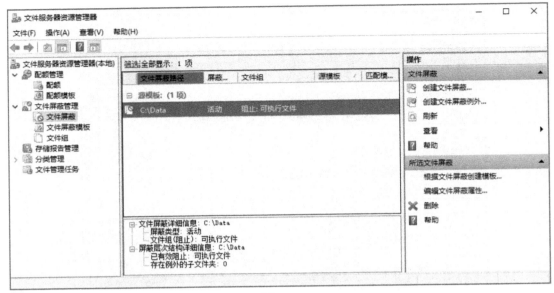

图 3-41

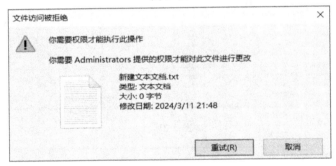

图 3-42

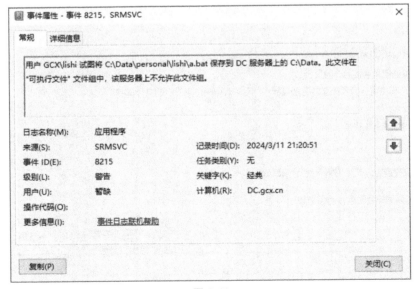

图 3-43

图 3-44

任务小结

(1)文件屏蔽可以禁止将某些类型的文件存储到服务器上,有利于保护服务器系统安全。

(2)创建文件屏蔽模板可以简化文件屏蔽的管理。

项目4　部署企业域服务

　　GCX 公司发展初期仅有少量的计算机,组网时使用的是工作组管理模式,网络配置较简单。由于公司持续发展,规模不断扩大,员工使用的计算机增加到了 100 台以上,管理员如果采用同样的网络管理方式,可能每天都要解决层出不穷的计算机故障问题。

　　传统的工作组管理模式采用分散管理的方式,只适合小规模的网络管理。当网络中有百台以上计算机时,就需要一种更加高效的、集中化的网络管理方式。

　　Windows Server 2019 提供的域管理模式,可以很方便地实现对网络中的所有计算机、用户账户、共享资源安全策略的集中管理,域管理模式是一种更加高效的网络管理方式。

◆ **项目目标**

(1)了解活动目录域服务;
(2)了解组织单位及其层次结构;
(3)了解域组策略的概念及作用;
(4)掌握域控制器的部署;
(5)掌握计算机加入域的方法和步骤;
(6)掌握域用户账户、组账户和组织单位的创建与管理;
(7)掌握域组策略的配置。

◆ **相关知识**

1. Windows Server 2019 的组网方式

　　利用 Windows Server 2019 组建网络,可以将网络上的资源共享给其他用户,Windows Server 2019 支持工作组网络和域网络两种组网方式。

　　(1)工作组网络。

　　工作组网络就是将不同的计算机按功能分别列入不同的组中,如将财务部的计算机都列入"财务部"工作组中,将人事部的计算机都列入"人事部"工作组中。工作组网络是对等网络,网络中的主机之间是平等、互不干涉的,工作组的每一台计算机都是独立自主的,用户账户和权限信息保持在本机内。任何一台主机既是客户机,也可以充当服务器,用户访问对方主机时需要使用被访问主机上配置的用户账户和密码,通过被访问主机验证后才能访问。如果企业内的服务器不多,则可以采用工作组组网方式。

（2）域网络。

在域网络中，至少有一台服务器用于存储用户的信息，这台服务器被称为域控制器，该域控制器上安装了活动目录（active directory）。网络中的服务器和客户机都加入同一个域，用户在域中只要拥有一个账户，就可以访问域中任何一台服务器上的资源。并不需要在每一台存放资源的服务器上为每一个用户创建账户，而只需要把访问资源的权限分配给用户在域中的账户。

2. 活动目录

什么是目录（directory）呢？日常生活中的电话簿内记录着亲朋好友的姓名与电话等数据，这是电话目录（telephone directory）；计算机中的文件系统（file system）内记录着文件的文件名、大小与日期等数据，这是文件目录（file directory）。而活动目录就是存储用户和计算机等对象的信息的数据库。

如果这些目录内的数据能够被整理并形成系统的结构，用户就能够轻松、快速地查找所需要的数据。目录服务（directory service）所提供的就是让用户高效率地在目录内找到所需要的数据的服务。

活动目录的主要特点和作用是：

（1）集中管理。

活动目录集中组织和管理网络中的资源信息，类似图书馆的图书目录，图书目录存放了图书馆的图书信息，方便管理。使用活动目录，可以很方便地管理各种网络资源。

（2）便捷的网络资源访问。

活动目录允许用户只登录一次网络就可以访问网络中的所有该用户账户有权限访问的资源，而且用户在访问网络资源时不必知道资源所在的物理位置就可以快速找到资源。

（3）可扩展性。

活动目录具有强大的可扩展性，可以随着公司或组织规模的增长而扩展，从一个网络对象较少的小型网络环境发展成大型网络环境。

3. 活动目录域服务

活动目录域内的目录数据库（directory database）用来存储用户账户、计算机账户、打印机与共享文件夹等对象。而提供目录服务的组件就是活动目录域服务（Active Directory Domain Services，AD DS），它负责目录数据库的存储、新建、删除、修改与查询等工作。

AD DS 的物理结构和逻辑结果如下。

（1）AD DS 的物理结构。

AD DS 的物理结构由站点和域控制器组成。站点（site）是 IP 子网的集合，这些子网通过高速且可靠的连接联系在一起。如果各个子网之间的连接不能满足快速且稳定的要求，则可以把它们分别规划为不同的站点。站点代表网络的物理结构，域代表组织的逻辑结构。AD DS 内的每一个站点可能包含多个域，而一个域内的计算机也可能位于不同的站点内。站点具有以下作用。

①站点可以优化用户的登录和访问。当用户登录域时，站点可以帮助 AD DS 的客户端找到离自己最近的域控制器，快速完成登录验证。

②在站点之间可以更频繁地复制信息，优化复制效率并减少网络的管理开销。在一个域

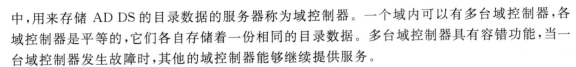
中,用来存储 AD DS 的目录数据的服务器称为域控制器。一个域内可以有多台域控制器,各域控制器是平等的,它们各自存储着一份相同的目录数据。多台域控制器具有容错功能,当一台域控制器发生故障时,其他的域控制器能够继续提供服务。

(2)AD DS 的逻辑结构。

AD DS 的逻辑结构由域、域树、域林和组织单位组成。

域是 AD DS 的核心管理单元,域管理员只能管理本域,如果被赋予其他域的管理权限,也能够访问或者管理其他域。每个域都有自己的安全策略,以及与其他域的安全信任关系。

域树是一组具有连续的名称空间的域的组合,域树中的域通过信任关系连接在一起,域树中的所有域共享一个 AD DS,不过其中的数据分散在各个域内,每个域只能存储隶属于该域的数据。

域林由一个或多个域树组成,每个域树都有唯一的名称空间。第一个域树的根域就是整个域林的根域,其域名就是域林的名称。建立域林时,每一个域树的根域与域林的根域之间的双向的、可传递的信任关系会自动建立起来,因此每一个域树中的每一个域内的用户只要拥有权限即可访问其他任意域树内的资源,也可以登录其他任何一个域树内的计算机。

组织单位(Organizational Unit,OU)是分层、归类管理域内对象的容器,此外它还有组策略的功能。AD DS 以分层架构将对象、容器和组织单位等组合在一起,并将其存储到 AD DS 数据库内。

4.域控制器、成员服务器、独立服务器

(1)域控制器。

域控制器是运行活动目录的 Windows Server 2019 的服务器。在域控制器上活动目录存储了所有域内的账户和策略信息,如系统的安全策略、用户身份验证数据和目录搜索等。

一个域可以有一台或多台域控制器。通常单个局域网的用户可能只需要一个域就能够满足要求。为了获得高可用性和较强的容错能力,具有多个网络位置的大型网络或组织可能需要多台域控制器。

(2)成员服务器。

成员服务器是指运行 Windows Server 2019 的作为域成员的服务器。由于不是域控制器,成员服务器不执行用户身份验证,并且不存储安全策略信息。这样成员服务器可以更好地处理网络中的其他服务。在网络中,通常使用成员服务器作为专用的文件服务器、应用服务器、数据库服务器或 Web 服务器。

(3)独立服务器。

独立服务器既不是域控制器,又不是某个域的成员。它是一台具有独立安全边界的计算机,维护本机独立的用户账户信息。独立服务器以工作组的形式与其他计算机组建成对等网。

5. 域用户账户

活动目录中的域用户账户代表物理实体,如人员。管理员可以将域用户账户用作某些应用程序的专用服务账户。域用户账户也被称为安全主体,是指自动分配安全标识符(Security Identifiers,SID)的目录对象,可用于访问域资源。域用户账户主要的作用如下:

①验证用户的身份。用户可以使用能够通过域身份验证的身份登录计算机或域。每个登录到网络的用户都应该有自己唯一的账户和密码。在使用过程中,应该避免多个用户共享同

一个账户,以保证系统及资源的安全性。

②授权或拒绝对域资源的访问。在验证用户身份之后,需要对该用户设置访问权限,即允许访问哪些资源和拒绝访问哪些资源。

6.域组账户

组是指用户与计算机账户、联系人,以及其他可以作为单个单位管理的组的集合。属于特定组的用户和计算机被称为组成员。

AD DS 中的组都是驻留在域和组织单位容器对象中的目录对象。AD DS 自动安装了系列默认的内置组,也允许以后根据实际需要创建组,使管理员可以灵活地控制域中的组和成员。AD DS 中的组管理功能如下。

①资源权限的管理,即为组而不是个别用户账户指派资源权限。这样可以将相同的资源访问权限指派给该组的所有成员。

②用户集中的管理。可以创建一个应用组,指定组成员的操作权限,并向该组中添加需要拥有与该组相同权限的成员。

7.组织单位

域中包含的一种特别有用的目录对象类型是组织单位(OU)。

①OU 是一个活动目录容器,用于放置用户、组、计算机和其他 OU。

②OU 不能包含来自其他域的对象。

③OU 是向其分配组策略设置或委派管理权利的最小作用域或单位。

管理员可以使用 OU 在域中创建表示组织中的层次结构、逻辑结构的容器,也可以根据组织模型来管理账户,以及配置和使用资源。

8.组策略

系统管理员可以利用组策略来管理用户的工作环境,通过它来确保用户拥有相应的工作环境,也通过它来限制用户,如此不但可以让用户拥有适当的环境,也可以减轻系统管理员的管理工作负担。

组策略包含计算机配置与用户配置两部分。计算机配置仅对计算机环境有影响,用户配置仅对用户环境有影响。可以通过以下两种方法来设置组策略。

①本地计算机策略:可用来设置单一计算机的策略,这个策略内的计算机配置只会被应用到这台计算机,而用户配置会被应用到在此计算机登录的所有用户。

②域组策略:在域内可以针对站点、域或组织单位来配置组策略,其中域组策略内的配置会被应用到域内的所有计算机与用户,而组织单位的组策略会被应用到该组织单位内的所有计算机与用户。

对加入域的计算机来说,如果其本地计算机策略的设置与【域或组织单位】的组策略设置有冲突的话,则以【域或组织单位】组策略的配置优先。

9.组策略对象

组策略对象(Group Policy Object,GPO)是定义了各种策略的设置集合,也是活动目录中的重要管理方式,可以管理用户和计算机对象。一般需要为不同组织单位设置不同的 GPO,其中组织单位等容器可以链接(可理解为调用,在容器中显示时会标记为快捷方式)多个GPO,而一个 GPO 也可以被不同的容器链接。

10.组策略继承

组策略继承是指子容器将从父容器中继承策略设置。例如,本项目任务4中的组织单位【Sales】如果没有单独设置策略,则它包含的用户或计算机会继承全域的安全策略,即执行 Default Domain Policy（默认域策略)的设置。

11.组策略执行顺序

组策略执行顺序是指多个组策略叠加在一起时的执行顺序。当子容器有自己单独的GPO 时,策略执行累加。例如,销售部策略为"已启动"状态,继承来的组策略为"未定义"状态,则最终为"已启动"状态。当策略发生冲突时,以子容器策略为准。例如,某组织单位中设置某一策略为"已启动"状态,继承来的组策略为"已禁用"状态,则最终为"已启动"状态。执行的先后顺序为组织单位→域控制器→域→站点→(域内计算机的)本地安全策略。

任务 1　部署企业的第一台域控制器

通过对服务器安装 AD DS,完成第一台域控制器部署。

任务场景

公司业务扩大,使用的计算机数量激增,为便于集中化管理,网络管理员需要部署基于域的网络基础架构,按照项目计划,本任务将在新购置的服务器上部署第一台域控制器,域名为gzx.cn。

任务实施

1.建立域的必要条件

在将 Windows Server 2019 升级为域控制器前,请注意以下事项。

(1)静态 IP 地址、DNS 服务器地址。

(2)DNS 域名:事先为 AD DS 确定好一个符合 DNS 格式的域名,例如 gcx.cn。

(3)DNS 服务器:由于域控制器需将自己注册到 DNS 服务器内,以便让其他计算机通过DNS 服务器找到这台域控制器,因此需要有一台 DNS 服务器。如果目前没有 DNS 服务器,则可以在升级过程中,选择在这台即将升级为域控制器的服务器上安装 DNS 服务器。

2.安装 AD DS

步骤1　设置服务器计算机名、IP 地址、DNS 服务器地址(图 4-1)。

步骤2　打开服务器 DC 上的【服务器管理器】,单击【仪表板】处的【添加角色和功能】(图 4-2)。

步骤3　出现【开始之前】界面,提示开始添加角色和功能前需要完成的任务(图 4-3)。点击【下一步(N)>】按钮。

步骤4　在【选择安装类型】界面,使用默认选项【基于角色或基于功能的安装】(图 4-4),点击【下一步(N)>】按钮。

图 4-1

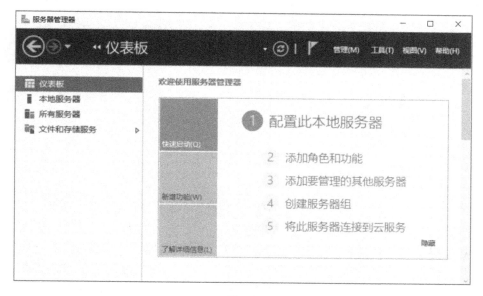

图 4-2

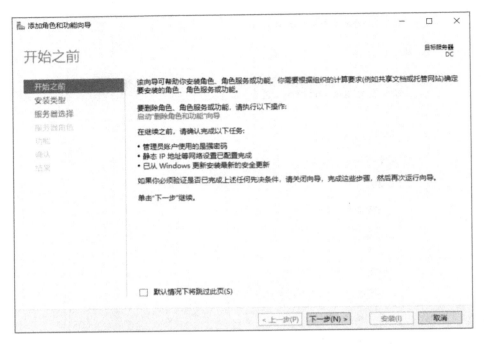

图 4-3

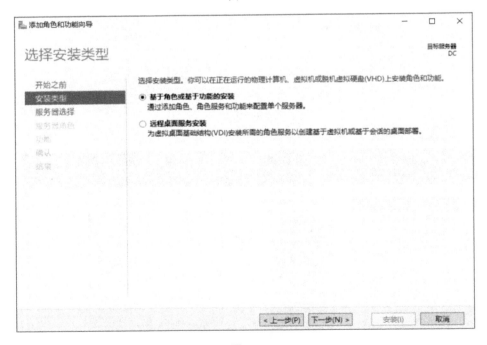

图 4-4

步骤 5　在【服务器选择】界面，默认已经选中当前服务器（图 4-5），点击【下一步（N）＞】。

步骤 6　在【选择服务器角色】界面，选择【Active Directory 域服务】，在弹出的【添加角色和功能向导】对话框（图 4-6）中，单击【添加功能】按钮，确认要安装的内容。

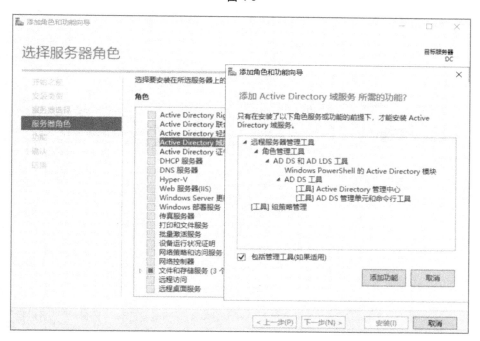

图 4-5

图 4-6

返回【选择服务器角色】界面,确认【Active Directory 域服务】已经被勾选(图 4-7),点击【下一步(N)>】按钮。

步骤 7 在【选择功能】界面,使用默认选项(图 4-8),点击【下一步(N)>】按钮。

图 4-7

图 4-8

步骤 8 【Active Directory 域服务】界面介绍了 AD DS 的功能及相关注意事项（图 4-9）。不做任何操作，点击【下一步（N）＞】按钮。

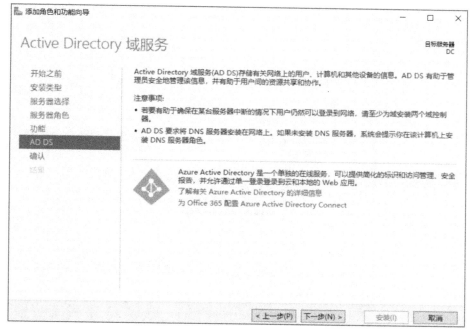

图 4-9

步骤 9 在【确认安装所选内容】界面,对前面所选择的安装内容进行确认(图 4-10)。如果想要修改,点击【＜上一步(P)】按钮返回前面步骤即可修改。确认安装内容正确后,单击【安装(I)】按钮。

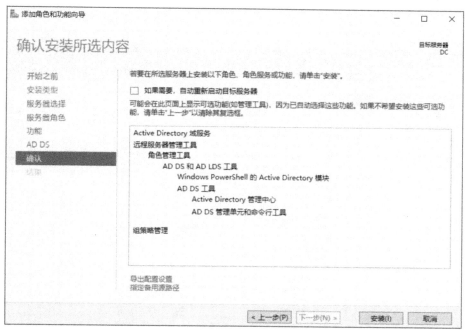

图 4-10

步骤 10 在【结果】界面,系统开始安装所选角色和功能,安装过程会持续一段时间(图 4-11)。安装完成后关闭界面。

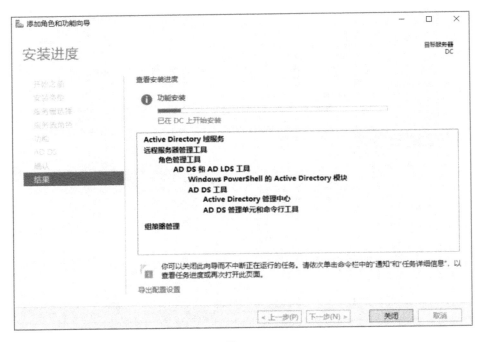

图 4-11

3.将服务器提升为域控制器

步骤 1　打开【服务器管理器】界面,单击菜单上的旗帜符号,再在列表中单击【将此服务器提升为域控制器】(图 4-12)。

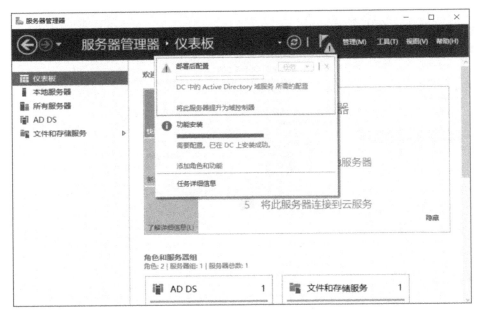

图 4-12

步骤 2　进入【部署配置】界面(图 4-13),在【选择部署操作】下选择【添加新林(F)】,并将【根域名(R):】设置为"gcx.cn"。单击【下一步(N)＞】按钮。

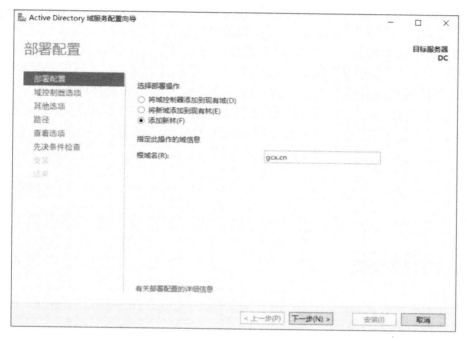

图 4-13

步骤 3 进入【域控制器选项】界面,在【选择新林和根域的功能级别】中均选择默认的 "Windows Server 2016"(部署域服务时,一般将域和林功能级别设置为环境可以支持的最高值,Windows Server 2016 为目前最高功能级别,支持 Windows Server 2022、Windows Server 2019、Windows Server 2016 域控制器操作系统)。在【键入目录服务还原模式(DSRM)密码】中输入【密码(D):】和【确认密码(C):】(图 4-14)。注意密码需要满足复杂性要求。

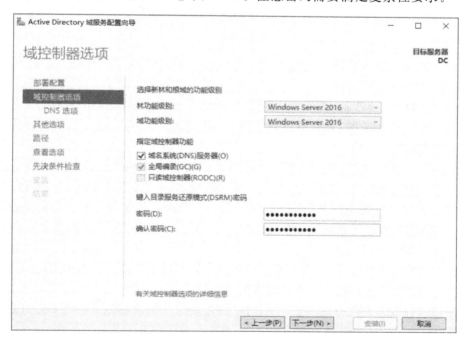

图 4-14

功能级别决定了可用的 AD DS 域或林功能。功能级别还决定了管理员可以在域或林中的域控制器上运行的 Windows Server 操作系统的版本。

创建新林时，默认情况下选择 DNS 服务器。林中的第一个域控制器必须是全局编录（GC）服务器，而不能是只读域控制器（RODC）。

需要目录服务还原模式（DSRM）密码才能登录未运行 AD DS 的域控制器。

步骤4　进入【DNS 选项】界面，出现无法创建该 DNS 服务器的委派的警告信息（图 4-15），由于该服务器第一次安装 DNS，所以忽略警告信息，点击【下一步(N)＞】按钮。

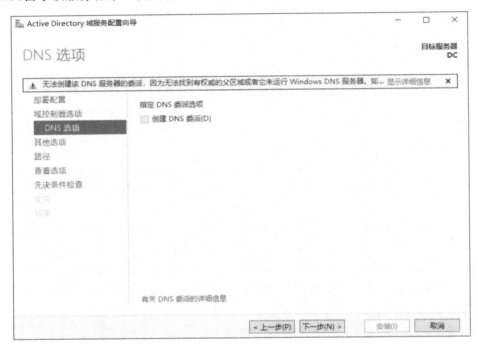

图 4-15

步骤5　进入【其他选项】界面（图 4-16），系统会自动设置 NetBIOS 域名，使用系统设置即可，点击【下一步(N)＞】按钮。

步骤6　进入【路径】界面（图 4-17），指定 AD DS 数据库（NTDS. DIT）、日志文件和 SYS-VOL 的位置。对于本地安装，可以浏览到将用于存储文件的位置。使用默认位置即可，点击【下一步(N)＞】按钮。

步骤7　进入【查看选项】界面（图 4-18），该界面用于检查和验证前面所做的配置选择。管理员应先查看和确认设置，然后继续配置。确认无误后，点击【下一步(N)＞】按钮。

步骤8　进入【先决条件检查】界面（图 4-19），当前面所有的配置条件都符合系统要求，检查通过后，会提示【所有先决条件检查都成功通过。请单击"安装"开始安装】，单击【安装(I)】按钮，系统会在安装完成后自动重启。

若出现检查不通过的情况，则需要在查看结果中查询哪里不符合安装要求，进行修改后再次配置，完成后点击【重新运行先决条件检查】。

步骤9　进入【安装】界面（图 4-20），AD DS 开始安装。安装过程会持续一段时间，然后系统会自动重启。

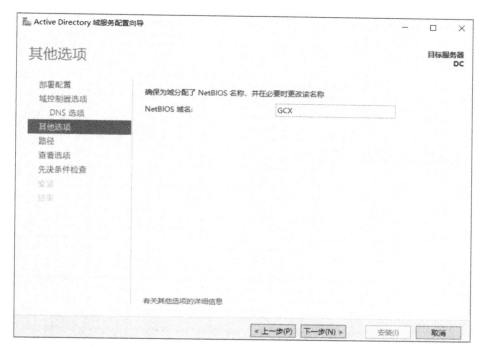

图 4-16

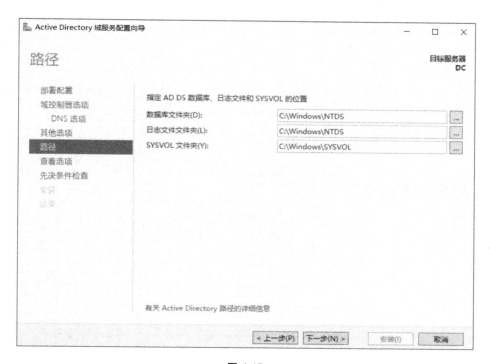

图 4-17

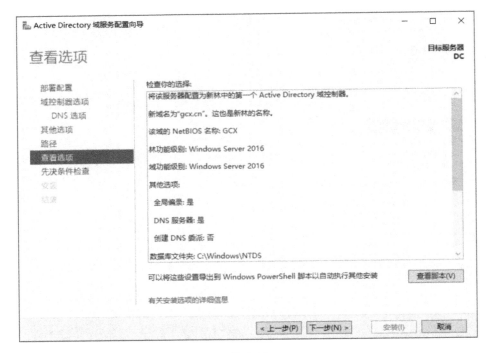

图 4-18

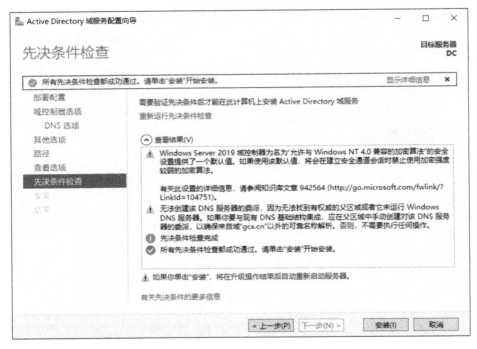

图 4-19

图 4-20

步骤10　系统自动重启后,出现如图 4-21 所示登录界面,则该服务器已经加入 GCX 域中。

图 4-21

4.域控制器验证

(1)验证 DNS。

重启电脑后,打开【DNS 管理器】。单击【服务器管理器】→【工具】→【DNS】→【正向查找区域】→【gcx. cn】(图 4-22)。

图 4-22

系统自动创建了 gcx. cn 区域,同时在该区域注册了域控制器的相关信息。

(2)验证域控制器。

在【服务器管理器】中单击【工具】→【Active Directory 管理中心】→【gcx(本地)】→【Domain Controllers】,可以看到 Domain Controllers 显示服务器 DC 的类型是域控制器,即域控制器安装部署成功(图 4-23)。

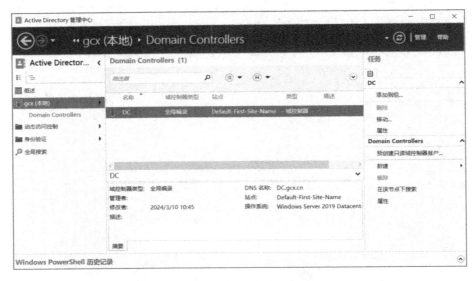

图 4-23

任务小结

(1)创建域服务器时,首先要设置服务器的静态 IP 和 DNS 服务器地址。

(2)创建第一台域控制器时,在部署配置中要选择添加新林。

任务 2　将 Windows 计算机加入域

将成员服务器、客户计算机加入域。

任务场景

公司基于网络发展需要,部署了域网络基础架构,为便于统一管理和发布共享资源,需要将所有客户计算机和部分成员服务器加入域。

任务实施

1. 将 Windows 计算机(安装 Windows 10 操作系统)加入域

将 Windows 计算机加入域,需要满足以下条件:

①Windows 计算机与域控制器网络连通;

②正确设置 Windows 计算机的 IP 地址、DNS 服务器地址。

2. 将 Windows 计算机加入域 gcx.cn

步骤 1　打开新的计算机,参考图 4-24 配置机器 IP 地址、DNS 服务器地址(使用域控制器 IP 地址)。

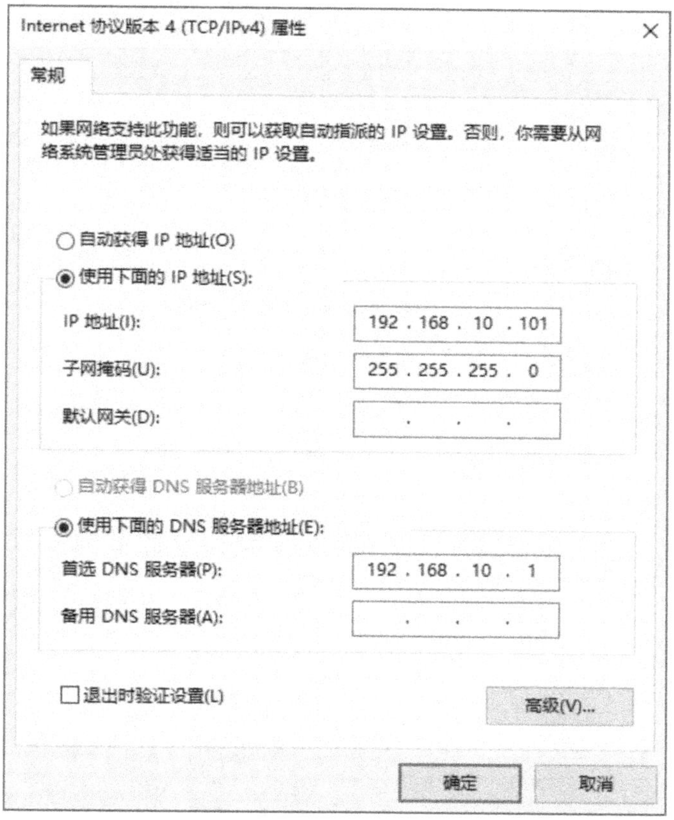

图 4-24

步骤2　在 Windows 计算机上，按 Win＋R 键，打开【运行】对话框，输入"cmd"命令，按 Enter 键，在命令提示符窗口输入"ping dc. gcx. cn"命令，测试计算机与域控制器 DNS 服务器的连通性（图 4-25）。

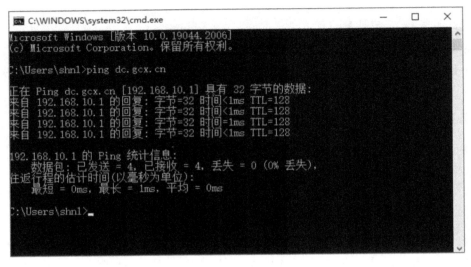

图 4-25

步骤3　在 Windows 计算机上点击【控制面板】→【系统和安全】→【系统】→【高级系统设置】，打开【系统属性】对话框，单击【计算机名】选项卡（图 4-26）。

图 4-26

步骤 4　在【计算机名】选项面板中单击【更改(C)...】按钮,在【计算机名/域更改】窗口中设置计算机名为"client",点击【隶属于】下的【域(D):】单选按钮,并输入"gcx.cn"(图 4-27),点击【确定】按钮。

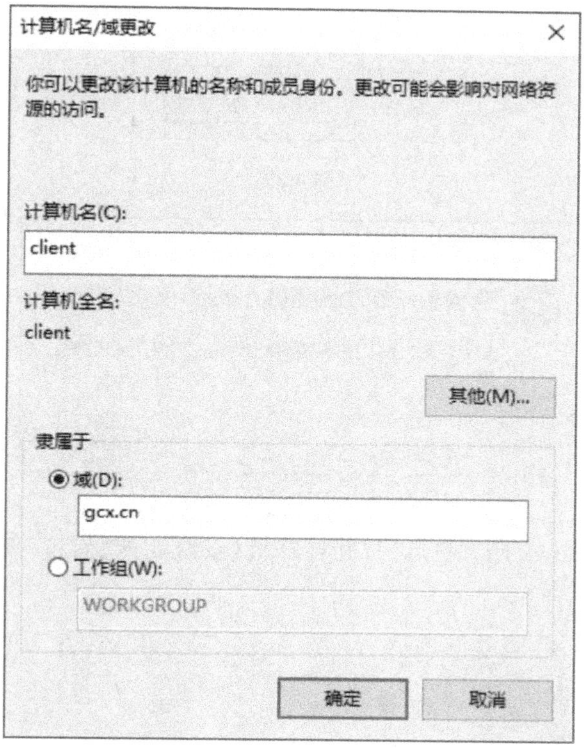

图 4-27

　　步骤 5　在弹出的对话框中输入域管理员名称(administrator)和密码(图 4-28),点击【确定】按钮。

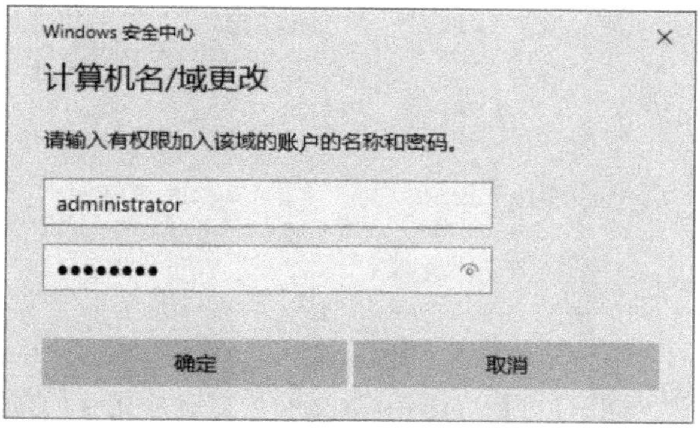

图 4-28

　　输入的用户名和密码被发送到域控制器 GCX 中校验,验证通过后,弹出【欢迎加入 gcx. cn 域。】的对话框(图 4-29)。点击【确定】按钮后,系统提示"必须重新启动计算机才能应用这些更改",点击【确定】按钮,并重启计算机(图 4-30)。

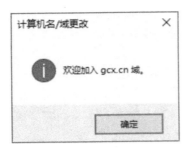

图 4-29

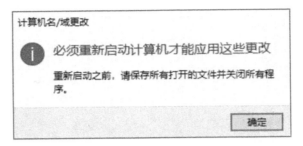

图 4-30

步骤 6　重启 Windows 计算机后,打开计算机【系统属性】面板,发现计算机全名已变为client. gcx. cn(图 4-31)。

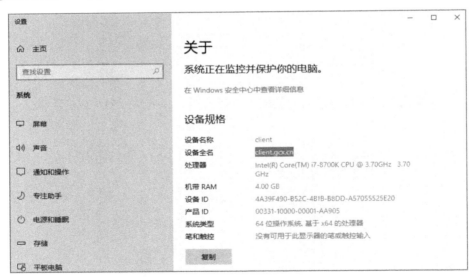

图 4-31

此时若在 DC 域控制器上打开【Active Directory 管理中心】,单击左侧【gcx(本地)】→【Computers】,在右侧亦可见刚加入域的计算机 CLIENT(图 4-32),即代表 Windows 计算机添加域成功。

3.其他成员服务器(Windows Server)加入方法

其他成员服务器(Windows Server)加入方法与上述步骤类似。操作步骤略。

图 4-32

任务小结

(1)在工作组模式下计算机如需加域,需要确保其首选 DNS 服务器指向域控制器,使用时能够正常解析记录。

(2)在将计算机加入域中进行身份权限验证时,要填写域控制器的管理员账户名称及密码,验证通过后需重新启动计算机,从而完成加域操作。

任务 3 创建组织单位、域用户账户、域组

任务场景

根据公司业务需求,需要设置域用户账户及域组,以便于逻辑划分不同部门;为方便后期的网络统一管理,需要设计组织单位来实现对某个部门的用户、组、计算机等进行组策略设置。

本任务即在 DC 域控制器上完成相关操作,分别新建组织单位、域用户账户和域组,并将域用户、域组、域计算机划分到相应的组织单位中。

公司组织结构转换为域的逻辑关系如表 4-1 所示。

表 4-1 公司结构转换逻辑关系

组织单位(公司名称)	组织单位(部门)	域组(部门)	域用户账户
GCX	Sales	Sales	zhangm
GCX	Sales	Sales	zhaon
GCX	Finances	Finances	wanxh
GCX	Finances	Finances	zhanghc
GCX	Service	Service	xianf

任务实施

1. 创建组织单位

步骤1　使用【Active Directory 用户和计算机】新建组织单位。单击【服务器管理器】→【工具】→【Active Directory 用户和计算机】(图 4-33)。

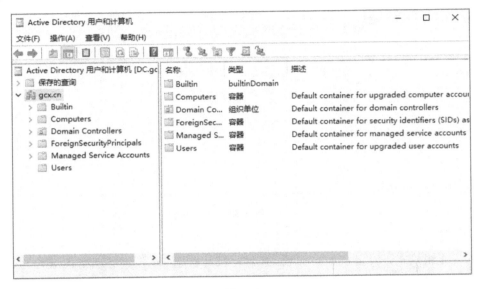

图 4-33

步骤2　在【Active Directory 用户和计算机】界面(图 4-34)中,鼠标右键点击【gcx.cn】,单击【新建(N)】→【组织单位】。

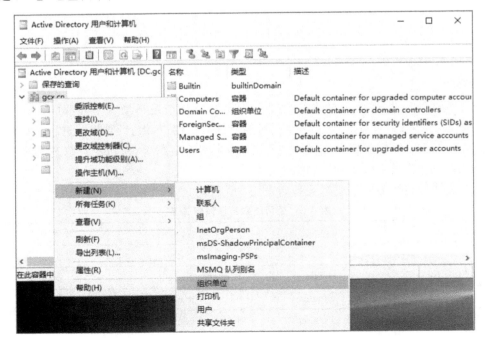

图 4-34

步骤3　进入【新建对象-组织单位】界面（图4-35），输入名称"GCX"，默认勾选【防止容器被意外删除(P)】，点击【确定】按钮。

图 4-35

步骤4　查看新创建的【组织单位】。返回【Active Directory 用户和计算机】，鼠标右键点击【gcx. cn】，选择【刷新(F)】。可以看到 GCX 已被创建。以同样的方式创建其他组织单位（图4-36）。

图 4-36

2.创建域用户

步骤 1   打开【Active Directory 用户和计算机】，在左侧窗口中依次展开【gcx. cn】【GCX】【Sales】，再在右侧窗口中空白处单击鼠标右键，选择【新建（N）】→【用户】（图 4-37）。

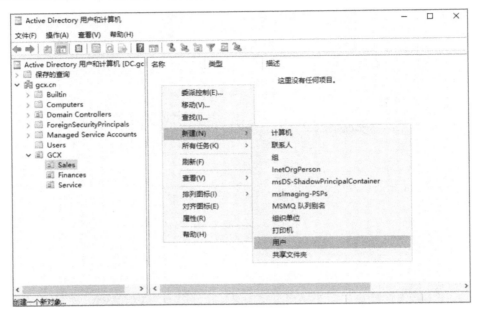

图 4-37

步骤 2   在【新建对象-用户】界面中，在【姓（L）:】中输入"zhang"，在【名（F）:】中输入"m"，在【用户登录名（U）:】中输入"zhangm"（图 4-38）。然后单击【下一步（N）＞】按钮。

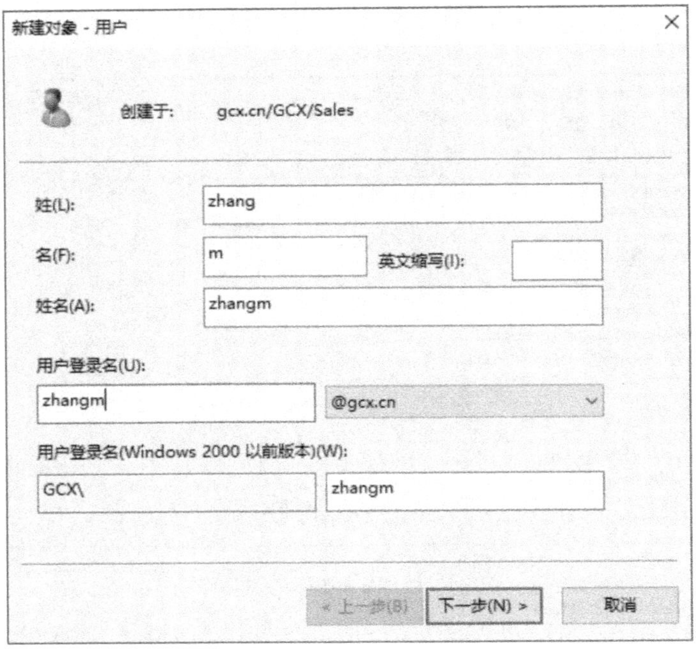

图 4-38

步骤 3　在弹出的对话框中输入【密码（P）：】和【确认密码（C）：】,并勾选【用户不能更改密码（S）】和【密码永不过期（W）】(图 4-39),单击【下一步（N）＞】按钮。

图 4-39

步骤 4　如图 4-40 所示,确认信息无误后,单击【完成】按钮,即可完成第一个用户 zhangm 的创建。

图 4-40

步骤5　查看新创建的用户。返回【Active Diretory 用户和计算机】,依次单击【gcx. cn】【GCX】【Sales】,在右侧的显示栏中看到 zhangm 已被创建(图 4-41)。

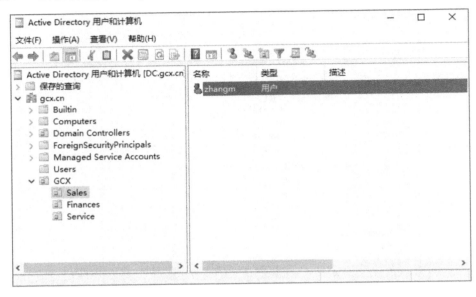

图 4-41

步骤6　重复以上步骤,在 Finances、Service 组织单位中分别创建表 4-1 中的所有用户。

3. 在 AD 域中,域管理员可以对域中的用户进行登录时间和登录地点的管理

(1)设置域用户允许登录的计算机,要求只允许域用户 zhangm 在计算机 S1 上登录,禁止其使用其他计算机。

步骤1　单击【Active Directory 用户和计算机】→【gcx. cn】→【GCX】→【Sales】,双击用户 zhangm(图 4-42)。

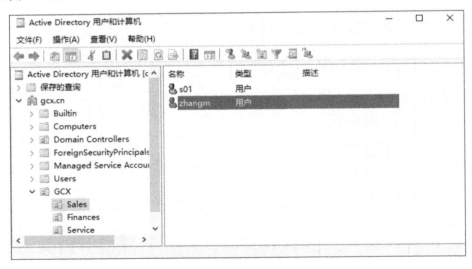

图 4-42

步骤 2　在【zhangm 属性】界面的【账户】选项卡(图 4-43)中,单击【登录到(T)...】按钮。

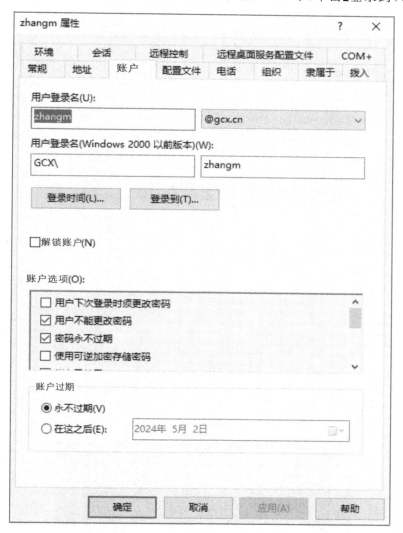

图 4-43

步骤 3　在弹出的【登录工作站】对话框中,设置域用户 zhangm 只能登录到计算机 S1 (图 4-44)。在默认情况下,域用户可以登录 gcx.cn 域中所有的计算机。

步骤 4　回到计算机 S2,注销当前用户,重新使用域用户 zhangm 登录。可以发现在计算机 S2 中,系统禁止 zhangm 登录该计算机。并提示"你的账户配置不允许你使用这台电脑。请试一下其他电脑"(图 4-45)。

而在计算机 S1 中,域用户 zhangm 可以正常登录。

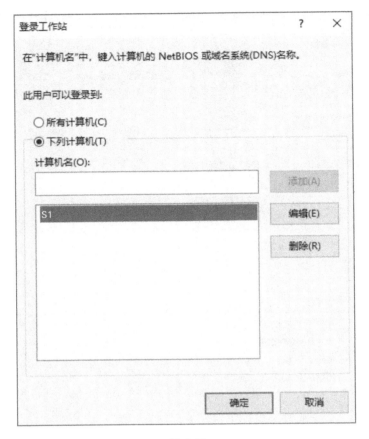

图 4-44

图 4-45

（2）设置域用户登录的时间。

步骤 1　单击【Active Directory 用户和计算机】→【gcx. cn】→【GCX】→【Sales】，双击域用户 zhangm。在【zhangm 属性】界面的【账户】选项卡（图 4-46）中单击【登录时间(L)...】按钮。

步骤 2　在弹出的【zhangm 的登录时间】对话框中，设置域用户 zhangm 登录的时间为：星期一至星期五从 8:00 到 18:00。单击【确定】按钮（图 4-47）。

蓝色方块是允许登录，白色方块是拒绝登录。默认所有域用户随时可以登录 gcx. cn 域中的计算机。

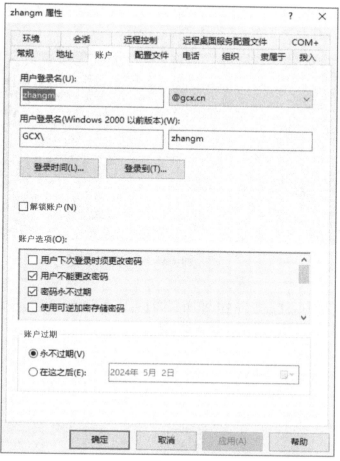

图 4-46

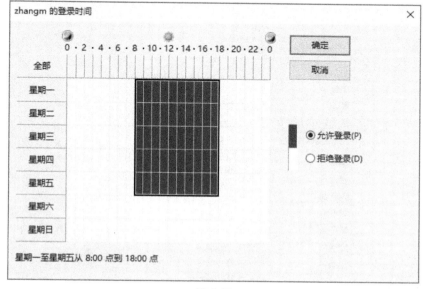

图 4-47

步骤3 若域用户 zhangm 在非允许时间登录 gcx.cn 域中的机器,系统提示"你的账户有时间限制,因此现在不能登录。请稍后再试。"(图 4-48)。

图 4-48

4.创建域组

步骤1 鼠标右键单击【gcx.cn】中组织单位【Sales】,在弹出的快捷菜单中选择【新建(N)】→【组】命令(图 4-49),打开【新建对象-组】界面。

图 4-49

步骤 2 在弹出的【新建对象-组】界面中输入组名,设置组作用域为"全局",设置组类型为"安全组"(图 4-50)。

图 **4-50**

5.将销售部所有用户加入 Sales 组中

步骤 1 在创建的 Sales 组上单击鼠标右键,在弹出的快捷菜单中选择【属性】命令,弹出图 4-51 所示的属性对话框,单击选择【成员】选项卡,单击【添加(D)...】按钮。

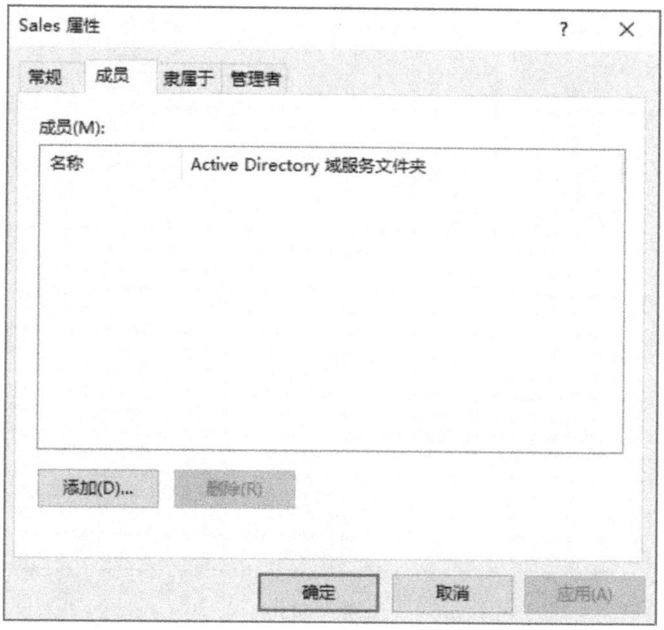

图 **4-51**

步骤2　在【选择用户、联系人、计算机、服务账户或组】界面中输入用户名称(如果需要同时输入多个用户,则用户之间使用分号隔开)(图 4-52)。

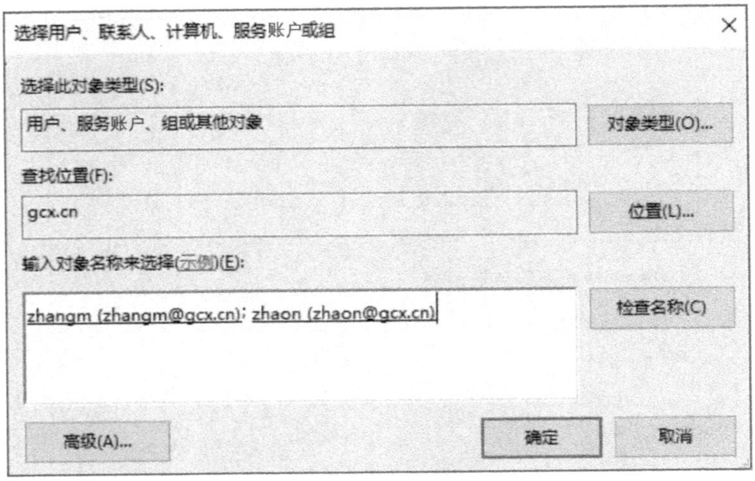

图 4-52

步骤3　单击【确定】按钮,用户即可添加到全局组中(图 4-53)。

图 4-53

6. 将成员计算机(对象)移动到其他组织单位

在上一个任务中,我们将 CLIENT 加入 gcx. cn 域中,AD 服务默认将它加入容器 Computers 中。实际应用环境中假设该计算机是 Sales 的计算机,则需要将 CLIENT 移动到组织单位 Sales 中,以方便管理。

步骤1 在【Active Directory 用户和计算机】窗口中,单击左侧【Computers】选项,在右侧区域右击选区中要移动位置的 CLIENT 计算机,在弹出的快捷菜单中选择【移动(V)...】命令(图 4-54)。

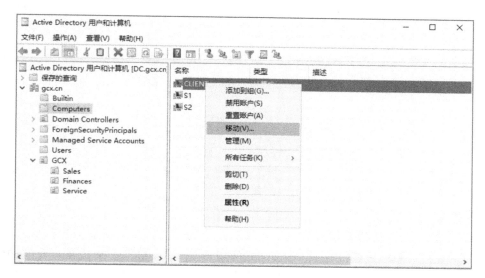

图 4-54

步骤2 在弹出的【移动】对话框中,选择要移到的目标组织单位,本任务选择【Sales】(图 4-55),单击【确定】按钮。

图 4-55

步骤3　返回【Active Directory 用户和计算机】窗口，单击【Sales】组织单位，可以看到其包含的所有对象(图 4-56)。

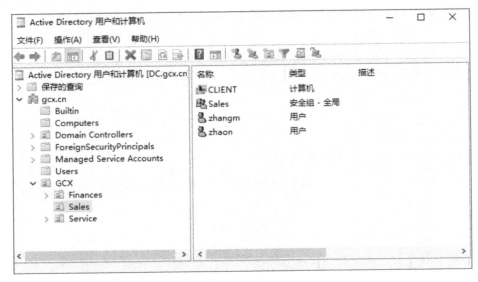

图 4-56

任务小结

如果需要使用组织单位对用户、组、计算机等资源按部门进行逻辑划分，则建议先建立组织单位，然后在组织单位内建立用户和组，这样所创建的用户、组等就默认在相对应的组织单位中，而不是在 Users 容器中，避免了在对用户和组进行移动时产生错误。

任务 4　管理域组策略

任务场景

通过实施服务器域组策略配置，完善公司计算机资源统一管理，提高信息安全。

任务实施

1.配置组策略使销售部域账户登录时自动在桌面创建快捷方式

步骤1　在【服务器管理器】窗口中，选择【工具】→【组策略管理】命令，或者在【运行】对话框中执行 gpmc.msc 命令，打开【组策略管理】窗口(图 4-57)。

选择【组策略管理】→【林：gcx.cn】→【域】→【gcx.cn】【GCX】命令，鼠标右键单击【Sales】选项，在弹出的快捷菜单中选择【在这个域中创建 GPO 并在此处链接(C)…】命令(图 4-58)。

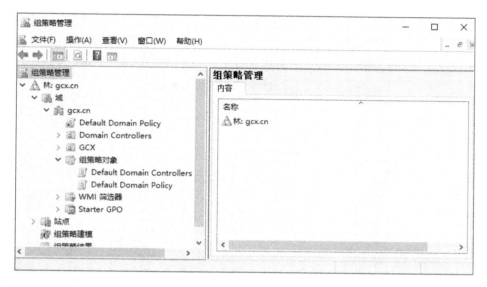

图 4-57

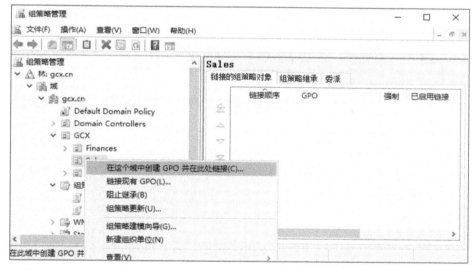

图 4-58

步骤 2　在【新建 GPO】对话框（图 4-59）中，将【名称（N）:】设置为"销售部策略"，单击【确定】按钮。

步骤 3　鼠标右键单击【销售部策略】选项（图 4-60），在弹出的快捷菜单中选择【编辑（E）】命令。

步骤 4　在【组策略管理编辑器】窗口中，选择【用户配置】→【首选项】→【Windows 设置】→【快捷方式】命令，在工作区的空白处单击鼠标右键，在弹出的快捷菜单中选择【新建（N）】→【快捷方式】命令（图 4-61）。

步骤 5　在【新建快捷方式属性】对话框（图 4-62）中设置名称为"GCX 主页"，目标类型为"文件系统对象"，位置为"桌面"，目标路径为"https://www.gcx.cn"，单击【确定】按钮。

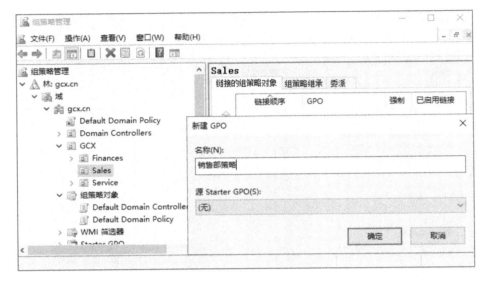

图 4-59

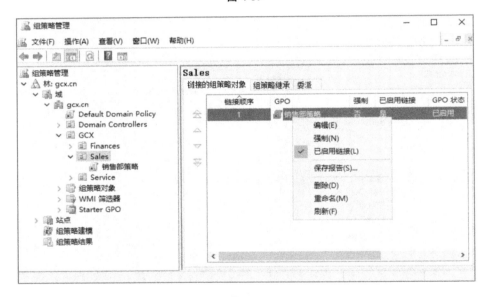

图 4-60

2.配置组策略使销售部域账户登录时拥有统一桌面背景

步骤1 在域控制器 DC 上创建一个目录 C:\pic,将要使用的背景图片文件 bj1.jpg 复制到目录 C:\pic 下(图 4-63)。

步骤2 将 C:\pic 设置为共享目录。在 pic 目录上单击鼠标右键,在弹出的菜单中选择【属性】,在【pic 属性】界面选择【共享】选项卡,并点击【共享(S)...】按钮(图 4-64)。

步骤3 进入【选择要与其共享的网络上的用户】界面,点击第一个输入框右边的下拉箭头,在展开的菜单中选择【Everyone】,单击右侧的【添加(A)】按钮,再单击【共享(H)】按钮即可(图 4-65)。

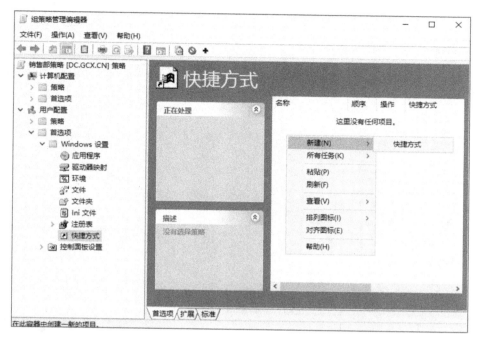

图 4-61

图 4-62

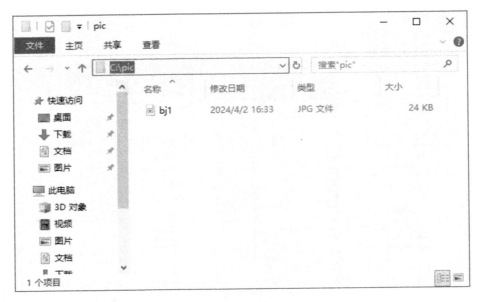

图 4-63

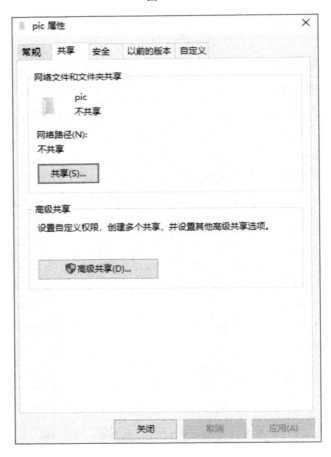

图 4-64

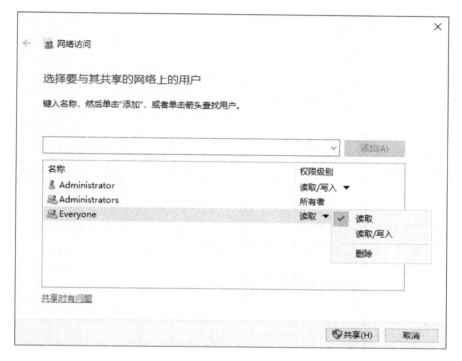

图 4-65

步骤4 进入【你的文件夹已共享。】界面,界面显示了名为【pic】的共享,共享目录为\\DC\
pic(图 4-66),单击【完成(D)】按钮。

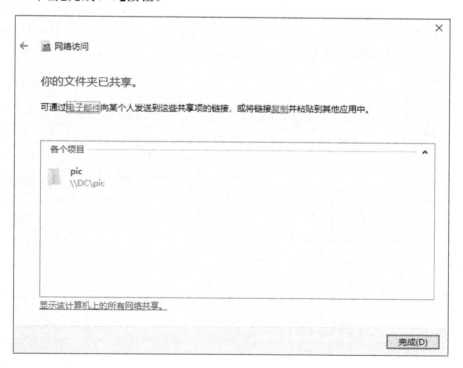

图 4-66

步骤5 返回【pic 属性】的【共享】选项卡,显示该文件夹的网络路径为\\DC\pic,说明共享目录已经设置完成(图 4-67)。

图 4-67

步骤6 在域控制器 DC 上,编辑【销售部策略】,在【组策略管理编辑器】中,展开【用户配置】→【策略】→【管理模板:从本地计算机中检索的策略定义(ADMX 文件)】→【桌面】→【桌面】,找到【桌面墙纸】设置项,然后双击打开(图 4-68)。

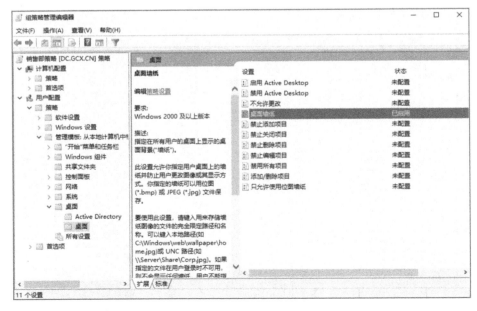

图 4-68

步骤 7　进入该选项的设置界面,选择【已启用(E)】,并在下面的选项中设置墙纸名称为
"\\dc\pic\bj1.jpg",墙纸样式默认为"居中"(图 4-69),单击【确定】按钮。

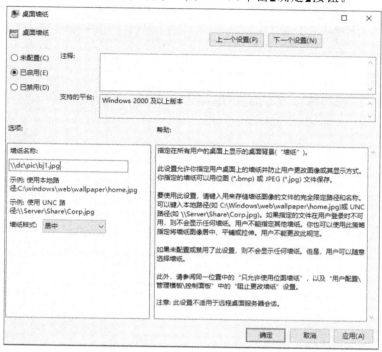

图 4-69

步骤 8　在【组策略管理编辑器】中,展开【用户配置】→【策略】→【管理模板:从本地计算
机中检索的策略定义(ADMX 文件)】→【控制面板】→【个性化】,找到【阻止更改桌面背景】配
置(图 4-70),双击打开。

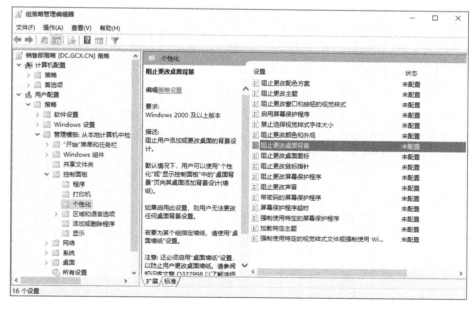

图 4-70

步骤 9　进入该选项的设置界面,选择【已启用(E)】(图 4-71),单击【确定】按钮。

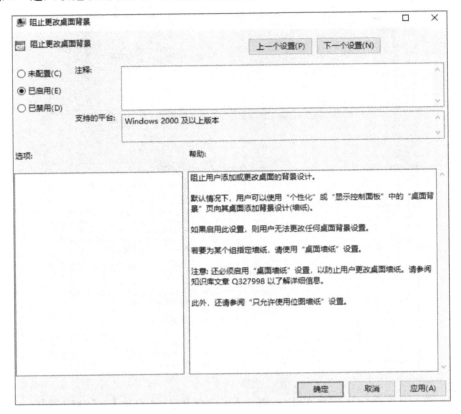

图 4-71

步骤 10　验证。切换到成员服务器 S1,使用域用户 zhangm 重新登录,可以看到桌面背景已设置为统一的图片。

在桌面上单击鼠标右键,在弹出的菜单中选择【个性化】,进入个性设置界面,该界面中的背景设置全部为灰色,并提示【* 某些设置已隐藏或由你的组织管理。】,说明用户自己不能修改桌面背景(图 4-72)。

任务小结

本任务主要讲述了域环境中的组策略及其应用。公司利用域环境中的组策略可以统一管理域中或各 OU 中的用户和计算机,使网络管理员能实现用户和计算机的一对多管理的自动化。由于不同的 OU 可以设置不同的组策略,因此管理员能方便、灵活地对各 OU 中的用户和计算机进行管理。

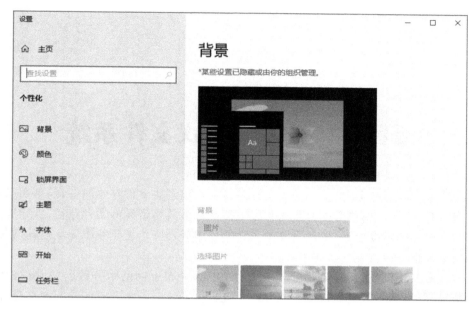

图 4-72

项目 5　部署分布式文件系统

在部署企业文件服务器时,使用独立文件服务器可以解决文件存储问题,但是如果共享资源分布在多台服务器上,用户必须使用每台服务器的每个共享资源的文件路径,这样势必增加用户使用共享资源的难度。而且,如果其中某台文件服务器突然发生故障无法启动,则部署在这台服务器的共享资源就无法访问了。

分布式文件系统(Distributed File System,DFS)为分布于网络中分散的文件构建一个统一的逻辑结构,网络用户可以通过分布式文件系统提供的统一的命名空间访问共享资源,无须考虑每个共享资源的物理位置。借助分布式文件系统的 DFS 复制功能,可以实现服务器负载均衡及容错。

◆ 项目目标

(1)了解分布式文件系统的概念;

(2)理解分布式文件系统的工作原理及应用场景;

(3)掌握分布式文件系统的部署过程。

◆ 相关知识

1. DFS 概述

DFS 为网络中的所有共享文件建立一个逻辑树结构,提供一个统一的访问节点,使分布在多台服务器上的共享文件如同位于网络上的同一个位置供用户访问,而忽略这些共享文件夹在网络中的物理位置。

通过 DFS 将相同的文件同时存储到网络上的多台服务器后,能够:

(1)提高文件的访问效率。当客户端通过 DFS 访问文件时,DFS 会引导客户端从最接近客户端的服务器进行访问,让客户端快速访问到所需要的文件。DFS 会向客户端提供一份服务器列表,列表中的服务器内都有客户端所需要的文件,但是 DFS 会将最接近客户端的服务器,例如跟客户端同一个 AD DS 站点的服务器,放在列表的最前面,以便客户端优先从这台服务器访问文件。

(2)提高文件的可用性。如果位于服务器列表最前面的服务器意外故障,客户端仍然可从列表中的下一台服务器中取得所需文件,也就是说 DFS 提供容错功能。

(3)提供服务器负载均衡功能。每一个客户端所获得的列表中的服务器排列顺序可能不相同,因此它们所访问的服务器也可能不相同,也就是说不同客户端可能会从不同服务器来访问所需文件,因此可分散服务器的负担。

2. DFS 的架构

Windows Server 2019 是通过文件和存储服务角色内的 DFS 命名空间与 DFS 复制这两个服务来搭建 DFS。以下根据图 5-1 来说明 DFS 中的各个组件。

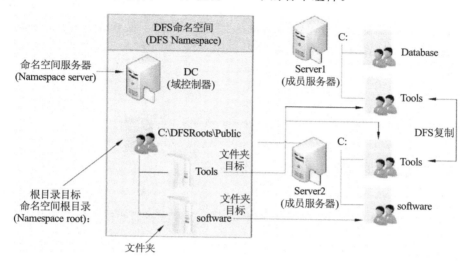

图 5-1

(1)DFS 命名空间:可以通过 DFS 命名空间将位于不同服务器内的共享文件夹集合在一起,并以一个虚拟文件夹的树状结构呈现给客户端。它分为以下两种。

①基于域的命名空间:它将命名空间的设置数据存储到 AD DS 数据库与命名空间服务器。如果建立多台命名空间服务器的话,则具备命名空间的容错功能。

②独立命名空间:它将命名空间的设置数据存储到命名空间服务器的登录数据库(registry)。由于独立命名空间只能够有一台命名空间服务器,因此不具备命名空间的容错能力。

(2)命名空间服务器:用来提供命名空间服务的服务器。如果是基于域的命名空间,则这台服务器可以是成员服务器或域控制器,并且可以设置多台命名空间服务器;如果是独立命名空间,则这台服务器可以是成员服务器、域控制器或独立服务器,不过只能有一台命名空间服务器。

(3)命名空间根目录:它是命名空间的起点。以图 5-1 为例,此根目录的名称为 public,命名空间的名称为\\gcx. cn\public,而且它是一个基于域的命名空间,其名称是以域名(gcx. cn)开头的。如果这是一个独立命名空间,则命名空间的名称会以计算机名称开头,例如\\Server\public。

(4)文件夹目标:这些虚拟目录分别映射到其他服务器内的共享文件夹,当客户端浏览文件夹时,DFS 会将客户端重定向到虚拟目录所映射到的共享文件夹。图 5-1 中共有 2 个虚拟目录。

①Tools:此目录有两个目标,分别映射到服务器 Server1 的 C:\Tools 与 Server2 的 C:\Tools 共享文件夹,它具备目录容错功能,例如客户端在读取文件夹 Tools 内的文件时,即使 Server1 故障,它仍然可以从 Server2 的 C:\Tools 读到文件。当然 Server1 的 C:\Tools 与 Server2 的 C:\Tools 所存储的文件应该要相同(同步)。

②software：此目录只有一个目标，映射到服务器 Server2 的 C：\software 共享文件夹，故不具备容错功能。

（5）DFS 复制：图 5-1 中文件夹 Tools 的两个目标所映射到的共享文件夹，其提供给客户端的文件必须同步（相同），而这个同步操作可由 DFS 复制服务自动执行。DFS 复制服务使用一个称为远程差异压缩（Remote Differential Compression，RDC）的压缩演算技术，它能够检测文件发生的变化，因此复制文件时仅会复制发生变化的部分，而不是整个文件，这可以降低网络的负担。独立命名空间的目标服务器如果未加入域，则其目标所映射的共享文件夹内的文件需手动同步。

任务　部署分布式文件系统

使用 DFS 提高共享资源的访问效率和可用性。

任务场景

公司增加了数台服务器，通过部署 DFS 优化公司文件服务器的访问效率和可用性。本任务的参考实验拓扑图如图 5-1 所示。

任务实施

下面将建立一个如图 5-1 所示的基于域的命名空间，假设图中 3 台服务器都是 Windows Server 2019 Datacenter，而且 DC 为域控制器兼 DNS 服务器、Server1 与 Server2 都是成员服务器，首先我们需要将此域环境搭建好。

图中命名空间的名称（命名空间根目录的名称）为 Public，由于它是域命名空间，因此完整的名称将是\\gcx. cn\Public（gcx. cn 为域名），它映射到命名空间服务器 DC 的 C：\DFSRoots\Public 文件夹。命名空间的设置数据会被存储到 AD DS 与命名空间服务器 DC。另外，图中还建立了文件夹 Tools，它有两个目标，分别指向 Server1 与 Server2 的共享文件夹。

1. 安装 DFS 相关组件

由于图 5-1 中各服务器所扮演的角色并不完全相同，因此所需要安装的服务与功能也有所不同。

①DC：图中 DC 是域控制器（或 DNS 服务器）兼命名空间服务器，它需要安装 DFS 命名空间服务（DFS Namespace service）。安装 DFS 命名空间服务时，会同时自动安装 DFS 管理工具，以支持在 DC 上管理 DFS。

②Server1 与 Server2：这两台目标服务器需要相互复制 Tools 共享文件夹内的文件，因此它们都需要安装 DFS 复制服务。安装 DFS 复制服务时，系统会同时自动安装 DFS 管理工具，这样也可以在 Server1 与 Server2 上管理 DFS。

（1）在 DC 上安装 DFS 命名空间服务。

打开【服务器管理器】→单击【仪表板】处的【添加角色和功能】→持续单击【下一步（N）＞】按钮，直到图 5-2 的【选择服务器角色】界面出现，展开【文件和存储服务（3 个已安装，共 12 个）】→展开【文件和 iSCSI 服务（2 个已安装，共 11 个）】→勾选【DFS 命名空间】→单击【添加功能】按钮。

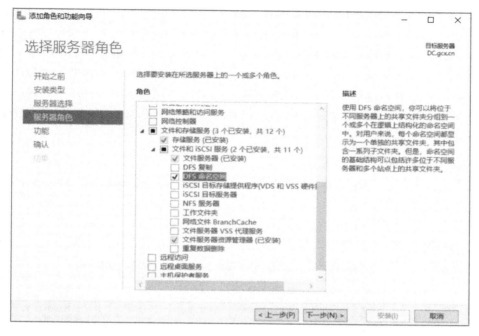

图 5-2

（2）在 Server1 与 Server2 上安装所需的 DFS 组件。

打开【服务器管理器】→单击【仪表板】处的【添加角色和功能】→持续单击【下一步（N）＞】按钮，直到图 5-3 的【选择服务器角色】界面出现，展开【文件和存储服务（3 个已安装，共 12 个）】→展开【文件和 iSCSI 服务（2 个已安装，共 11 个）】→勾选【DFS 复制】→单击【添加功能】按钮。

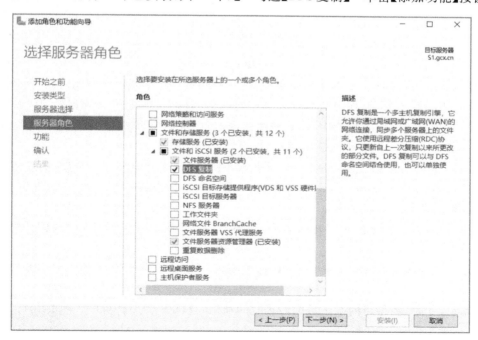

图 5-3

2.在 Server1 与 Server2 上创建共享文件夹

创建图 5-1 中文件夹 Tools 所映射到的两个目标文件夹,也就是 Server1 与 Server2 中的文件夹 C:\Tools,并将其设置为共享文件夹(选中 C:\Tools 后右击授予访问权限)。假设共享名都是默认的 Tools,将读取/更改的权限赋予 Everyone。同时把一些文件复制到 Server1 的 C:\Tools 内,以验证这些文件是否确实可以通过 DFS 机制被自动复制到 Server2。

在成员服务器 Server2 上创建 software 映射的目标文件夹,即 C:\software,将读取/更改的权限赋予 Everyone。

3.创建新的命名空间

步骤 1   在 DC 上打开【服务器管理器】→单击工具菜单→选择【DFS Management】→打开【DFS 管理】窗口(图 5-4)。

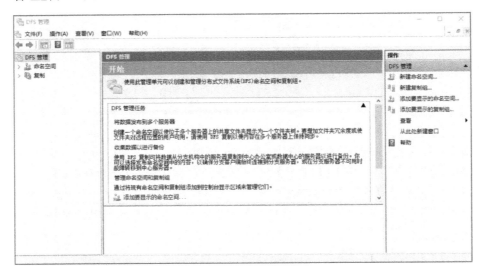

图 5-4

步骤 2   在如图 5-4 所示的界面中单击命名空间右侧的【新建命名空间...】。打开【新建命名空间向导】窗口,选择 dc 作为命名空间服务器(图 5-5),再单击【下一步(N)＞】按钮。

步骤 3   在图 5-6 所示界面中,设置命名空间名称(例如 Public),然后单击【下一步(N)＞】按钮。

步骤 4   在打开的【命名空间类型】界面,选中【基于域的命名空间(D)】单选按钮,并勾选【启用 Windows Server 2008 模式(E)】复选框(图 5-7)。由于域名为 gcx. cn,因此完整的命名空间名称将会是\\gcx. cn\Public。

步骤 5   在【复查设置并创建命名空间】界面中,确认设置无误后单击【创建(E)】按钮(图 5-8)。

步骤 6   在【确认】界面(图 5-9)中单击【关闭(C)】按钮结束创建过程,并返回【DFS 管理】窗口。

步骤 7   此时,新创建的基于域的命名空间显示在【DFS 管理】窗口中(图 5-10)。

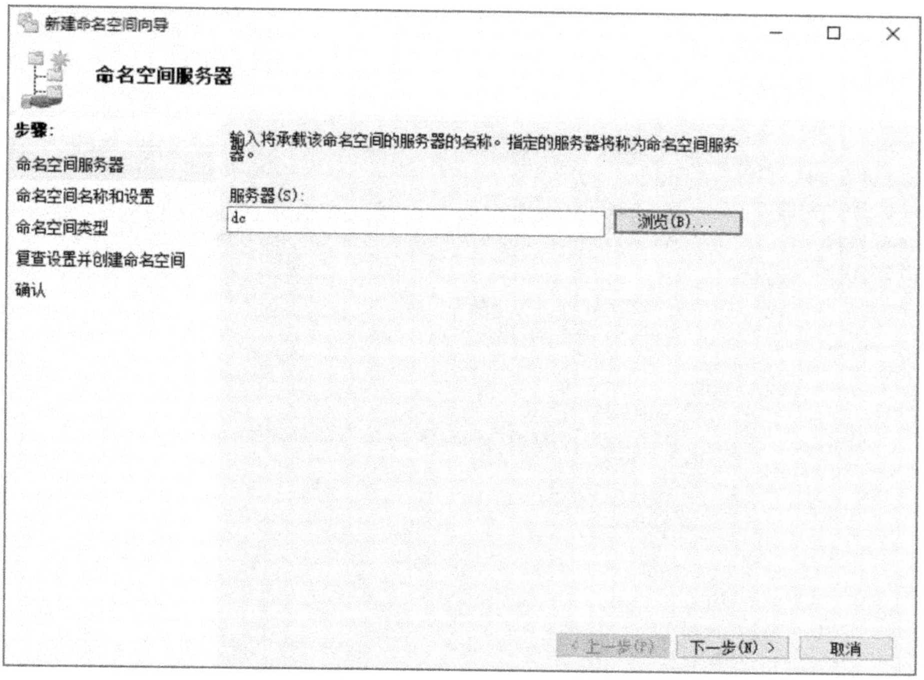

新建命名空间向导

命名空间服务器

步骤：

命名空间服务器
命名空间名称和设置
命名空间类型
复查设置并创建命名空间
确认

输入将承载该命名空间的服务器的名称。指定的服务器将称为命名空间服务器。

服务器(S)：

dc

浏览(B)...

< 上一步(P)   下一步(N) >   取消

图 5-5

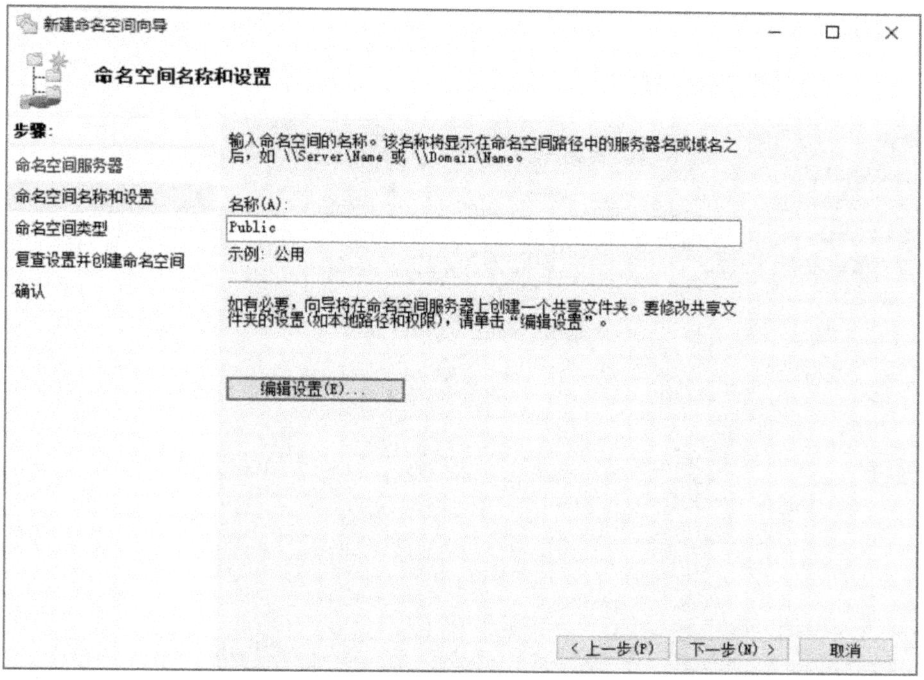

新建命名空间向导

命名空间名称和设置

步骤：

命名空间服务器
命名空间名称和设置
命名空间类型
复查设置并创建命名空间
确认

输入命名空间的名称。该名称将显示在命名空间路径中的服务器名或域名之后，如 \\Server\Name 或 \\Domain\Name。

名称(A)：

Public

示例：公用

如有必要，向导将在命名空间服务器上创建一个共享文件夹。要修改共享文件夹的设置（如本地路径和权限），请单击"编辑设置"。

编辑设置(E)...

< 上一步(P)   下一步(N) >   取消

图 5-6

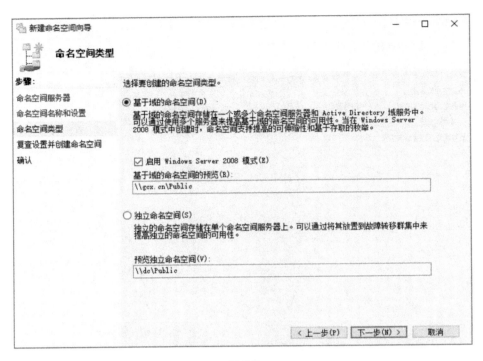

图 5-7

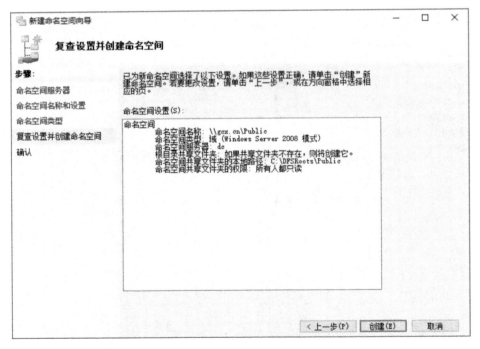

图 5-8

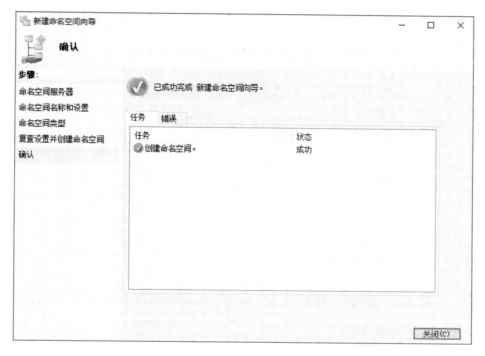

图 5-9

图 5-10

4.创建 DFS 文件夹和文件夹目标

以下将创建图 5-1 中的 DFS 文件夹 Tools 和 software,其中 Tools 的两个目标分别映射到\\s1\Tools 与\\s2\Tools。

(1)创建文件夹 Tools,并将目标映射到\\s1\Tools。

步骤 1 单击\\gcx.cn\Public 右侧【操作】区域的【新建文件夹...】(图 5-11)。

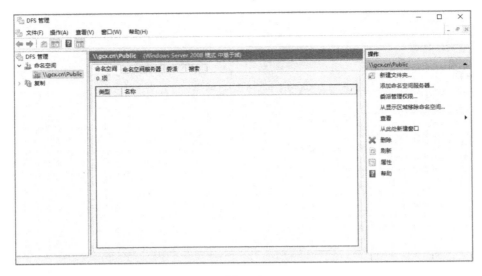

图 5-11

步骤 2　在图 5-12 所示的界面中,设置文件夹名称为 Tools,单击【添加(A)...】按钮。

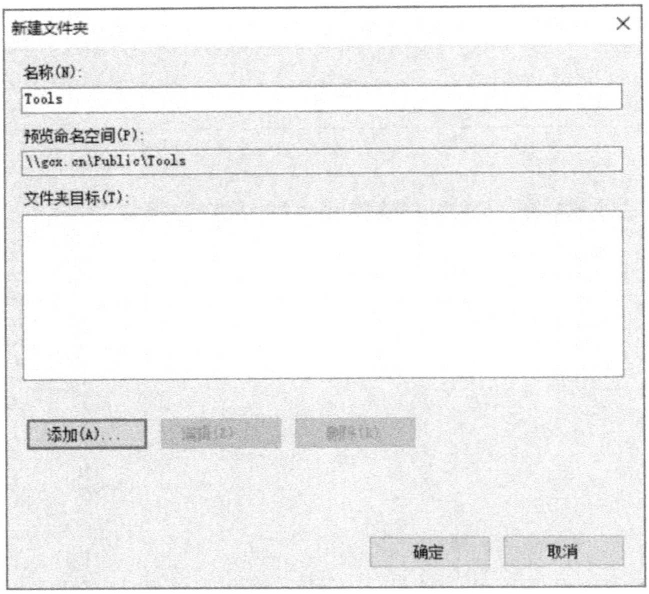

图 5-12

步骤 3　在【添加文件夹目标】界面中,单击【浏览(B)...】(图 5-13)。

步骤 4　在【浏览共享文件夹】界面中,在【服务器(S)】文本框中输入 s1,单击【显示共享文件夹(H)】按钮即可显示服务器 s1 的所有共享文件夹,单击共享文件夹下的【Tools】,再单击【确定】按钮(图 5-14)。

步骤 5　返回【新建文件夹】界面,此时文件夹目标创建完成,已设置为\\s1\Tools(图 5-15),单击【确定】按钮。

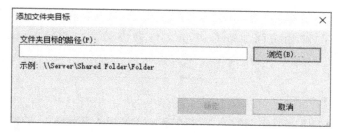

图 5-13

图 5-14

图 5-15

步骤6 返回【DFS 管理】界面,命名空间\\gcx.cn\Public 的第一个文件创建完成,客户端可以通过命名空间的路径访问所映射共享文件夹内的文件,即\\gcx.cn\Public\Tools(图 5-16)。

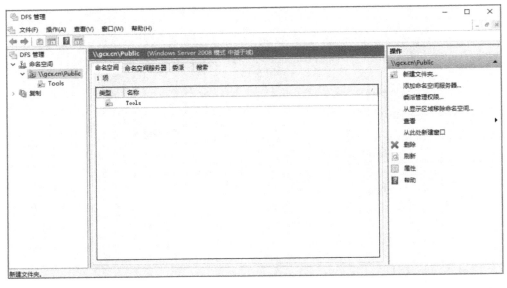

图 5-16

(2)新建另一个文件夹,将其映射到\\s2\software。

操作步骤同(1)。

(3)为 DFS 文件夹 Tools 新建另一个目标,并将其映射到\\s2\Tools。

步骤1 在【DFS 管理】界面中,单击左侧命名空间的【Tools】文件夹(图 5-17),在右侧操作区域单击【添加文件夹目标...】。

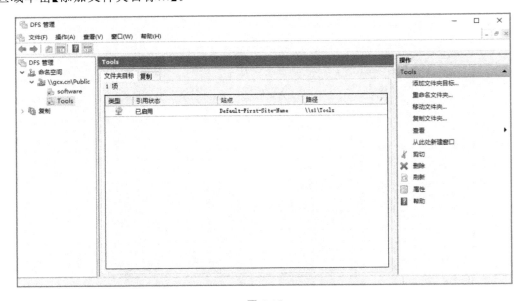

图 5-17

步骤2　在【新建文件夹目标】界面中，单击【浏览(B)...】按钮设置文件夹的新目标路径，即如图 5-18 所示的\\s2\Tools。完成后连续单击两次【确定】按钮。

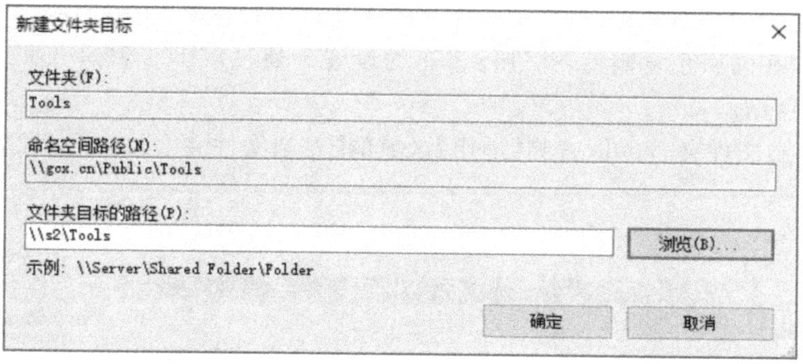

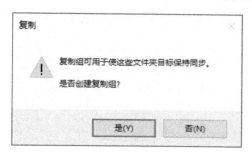

图 5-18

步骤3　单击图 5-19 中的【否(N)】按钮，关于复制组的内容另述。

图 5-19

步骤4　图 5-20 为完成后的界面，文件 Tools 的目标同时映射\\s1\Tools 与\\s2\Tools 共享文件夹。之后如果要增加新目标，可单击右侧的【添加文件夹目标...】。

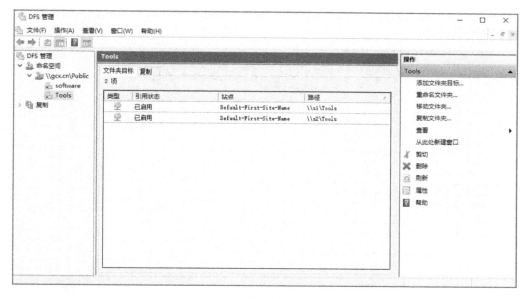

图 5-20

5.复制组与复制设置

如果一个 DFS 文件夹有多个目标,这些目标所映射的共享文件夹内的文件必须保持同步。为了实现同步,我们可以通过自动复制文件来让这些目标之间保持一致。不过,需要将这些目标服务器放在同一个复制组,并进行适当的设置。通过以下步骤对 Tools 文件建立复制组并进行复制组设置。

步骤1 单击文件夹 Tools 右侧【操作】区域的【复制文件夹...】,如图 5-21 所示。

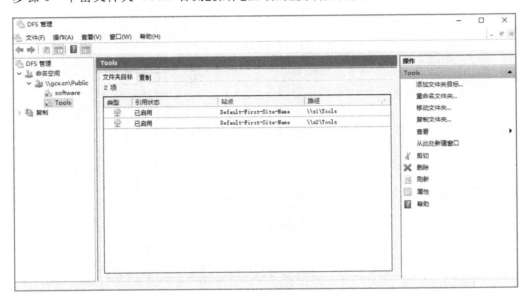

图 5-21

步骤2 在图 5-22 中,直接单击【下一步(N)＞】按钮,采用默认的复制组名与文件夹名称(或自行设置名称)。

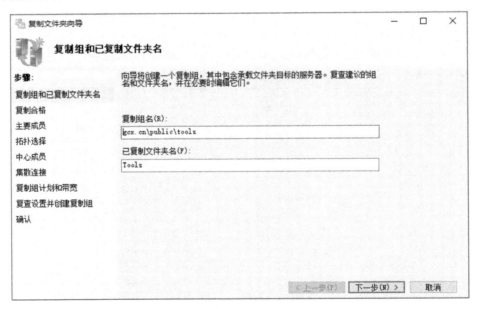

图 5-22

步骤 3 图 5-23 所示的界面会列出有资格参与复制的服务器，单击【下一步（N）＞】按钮。

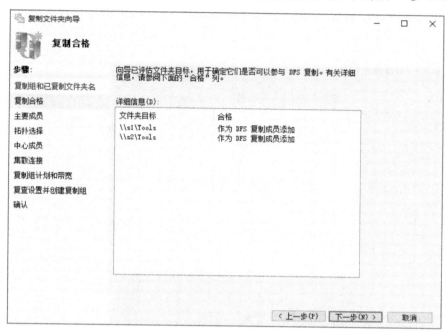

图 5-23

步骤 4 在图 5-24 所示的界面中，选择主要成员（例如 S1）。当 DFS 第 1 次开始执行复制文件的操作时，它会将该主要成员内的文件复制到其他的所有目标。完成后单击【下一步（N）＞】按钮。

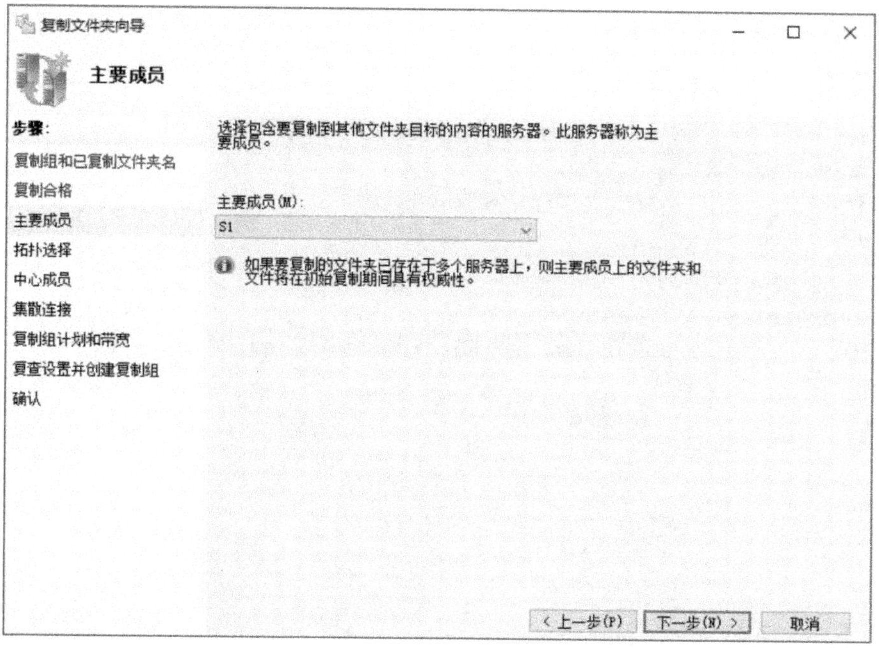

图 5-24

步骤5　在图 5-25 所示的界面中,选择拓扑类型后,单击【下一步(N)>】按钮(注:必须有3 台及以上的服务器参与复制,才能选择集散拓扑)。

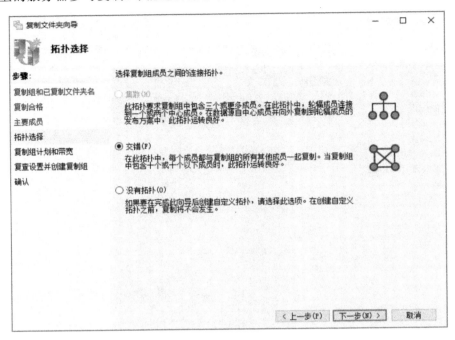

图 5-25

步骤6　在图 5-26 所示界面中选择全天候、使用完整的带宽复制,也可以通过选择在指定日期和时间内复制来进一步设置。

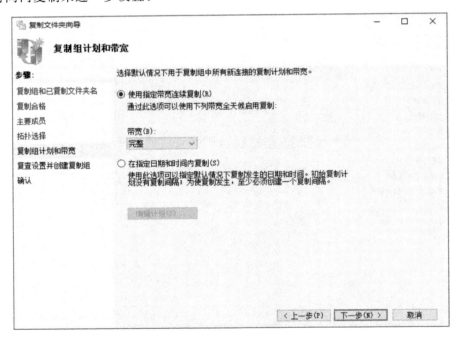

图 5-26

步骤7 在【复查设置并创建复制组】界面（图 5-27）中，检查设置无误后单击【创建（R）】按钮。

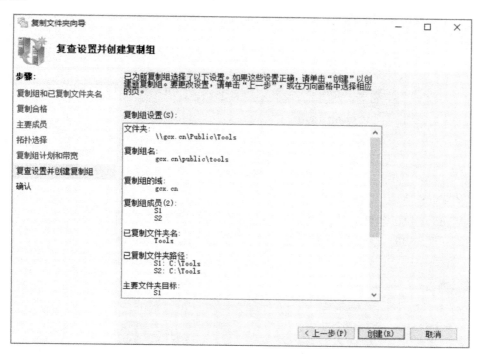

图 5-27

步骤8 在【确认】界面（图 5-28）中确认所有的设置都无误后，单击【关闭（C）】按钮。

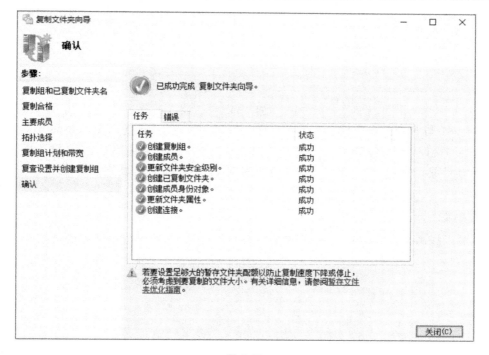

图 5-28

步骤9 在图5-29所示的提示框中直接单击【确定】按钮。这里提示的是：如果域内有多台域控制器，以上设置需要等一段时间才会被复制到其他域控制器，而其他参与复制的服务器也要一段时间才会向域控制器索取这些设置值。总而言之，参与复制的服务器可能要一段时间才会开始复制的工作。

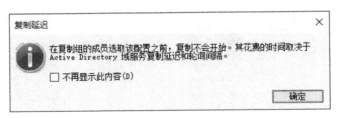

图5-29

6.测试DFS功能

使用Windows10客户端计算机访问基于域的命名空间，可以使用UNC路径\\gcx.cn\Public\Tools(图5-30)，由于权限的设置，可能需要输入用户名和密码。

图5-30

可以在S1与S2其中一台关机、另一台保持开机的情况下，再使用Windows 10计算机访问Tools内的文件，会发现都可以正常访问Tools内的文件；当原本访问的服务器关机时，DFS会将访问重定向到另一台服务器(会稍有延迟)，因此仍然可以正常访问Tools内的文件。

任务小结

DFS可以提高文件的访问效率，提高文件的可用性域，从而分散服务器的负担。

项目 6　部署企业 DHCP 服务器

GCX 公司已经组建了公司局域网。然而随着使用笔记本电脑、移动终端等设备的移动办公场景越来越多,网络运营部需要确保所有移动终端都能正常使用公司网络。该如何处理?

◆ 项目目标

(1)了解 TCP/IP 网络中 IP 地址的分配方式;
(2)理解 DHCP 的功能作用及应用场景;
(3)能进行 DHCP 服务器的基本配置与测试;
(4)能配置 DHCP 服务器故障转移。

◆ 相关知识

1. IP 地址

IP 地址(Internet Protocol Address)即互联网协议地址,是网络中设备用于识别和寻址的标识符。每台计算机或其他网络设备(如路由器、交换机等)都需要一个唯一的 IP 地址才能在网络中进行通信。通过 IP 地址,网络设备可以找到其他设备并将数据传输到目标设备。为电脑设置 IP 地址是为了让电脑连接到网络并进行通信。如果计算机没有 IP 地址,就无法连接到网络,也就无法访问互联网。

在以太网中,IP 地址通常由 DHCP 服务器动态分配,即"动态 IP 地址"分配,计算机向 DHCP 服务器申请 IP 地址,获取后使用该地址。也可以手动配置,即"静态 IP 地址"分配,网络管理员在计算机中直接设置所使用的 IP 地址,也称为手工分配。无论采用哪种方式,都要确保电脑的 IP 地址唯一有效,否则会导致 IP 地址冲突,影响网络正常运行。

2. DHCP 概述

在使用 TCP/IP 协议的网络中,每一台计算机都必须至少有一个 IP 地址才能与其他计算机连接通信。为了便于统一规划和管理网络中的 IP 地址,动态主机配置协议(Dynamic Host Configuration Protocol,DHCP)应运而生。

3. DHCP 的作用

DHCP 避免了手动设置 IP 地址及子网掩码所产生的错误,也避免了把一个 IP 地址分配给多台工作站所造成的地址冲突,降低了管理、设置 IP 地址的负担。使用 DHCP 服务器大大

缩短了配置或重新配置网络中工作站所花费的时间,同时通过对 DHCP 服务器的设置可灵活地设置地址的租期。

4. DHCP 常用术语

(1)作用域:是一个网络中所有可以分配的 IP 地址的连续范围。作用域主要用来定义网络中单一的物理子网的 IP 地址范围。作用域是服务器用来管理分配给网络客户的 IP 地址的主要手段。

(2)超级作用域:是一组作用域的集合,用来实现在同一个物理子网中包含多个逻辑 IP 子网。

(3)排除范围:是不用于分配的 IP 地址范围,排除的 IP 地址不能被分配给客户机。

(4)地址池:在用户定义了 DHCP 范围及排除范围后,剩下的便是一个 IP 地址池,地址池中的 IP 地址可以动态分配给网络中的客户机使用。

(5)租约:是指客户机可以使用获得的 IP 地址的时间,租约到期后,客户机需要更新 IP 地址的租约。

5. DHCP 管理工具

DHCP 控制台是管理 DHCP 服务器的主要工具,在安装 DHCP 服务时加入管理工具中。在 Windows Server 2019 服务器中,DHCP 控制台被设计成微软管理控制台(Microsoft Management Console,MMC)的一个插件。在安装 DHCP 服务后,用户可以用 DHCP 控制台执行以下基本的服务器管理功能。

(1)创建范围、添加及设置主范围和多个范围、查看和修改范围的属性、激活范围或主范围、监视范围租约的活动。

(2)为需要固定 IP 的客户创建保留地址。

(3)添加自定义默认选项类型。

(4)添加和配置由用户或服务商定义的选项类型。

(5)DHCP 控制台的新增功能包括:增强了性能监视器、更多的预定义 DHCP 选项类型、支持下层用户的 DNS 动态更新、监测网络上未授权的 DHCP 服务器等。

6. DHCP 类别

用户可以在服务器、作用域针对某些特定类别的计算机配置一些选项,只有当隶属于该类别的计算机租用 IP 地址时,DHCP 服务器才会替计算机配置这些选项。DHCP 的类别选项共分两类,一类是用户类别,另一类是供应商类别,这里主要介绍用户类别的功能。

用户可以替某些特定的 DHCP 客户端配置一个"用户类别识别码",这个识别码由用户自己定义,如"bj2q8051",当这些客户端向 DHCP 服务器租用 IP 地址时,会将这个"用户类别识别码"一并传给 DHCP 服务器,而 DHCP 服务器会依据此类别识别码给予这些客户端相同的配置。当然前提是必须先在 DHCP 的服务器上添加与客户端相同的"用户类别识别码",并针对这个识别码配置其中的选项。

7. DHCP 中继代理

随着网络规模的不断扩大,可使用 Windows 服务器操作系统的"路由和远程访问"功能将网络划分为不同的子网。如何通过一台 DHCP 服务器在两台子网间同时提供服务呢？这时就需要使用服务器的中继代理功能。具体操作见任务 3。

8. DHCP 备份与还原

有关 DHCP 服务器的设置数据全部存放在名为 dhcp.mdb 的数据库文件中，该文件位于 C:\windows\system32\dhcp 文件夹内。其中，dhcp.mdb 是主要的数据库文件，其他文件是 dhcp.mdb 数据库文件的辅助文件。这些文件对 DHCP 服务器的正常运作起着关键作用，建议用户不要随意修改或删除。同时，还要注意对相关数据进行安全备份，以备系统出现故障时还原。

（1）DHCP 数据库的备份。

在 C:\windows\system32\dhcp 文件夹内还存在一个名为 backup 的子文件夹，该文件夹中保存着 DHCP 数据库及相关文件的备份。DHCP 服务器每隔 60 分钟就会将 backup 文件夹内的数据更新一次，即进行一次备份操作。出于安全考虑，建议用户将 C:\windows\system32\dhcp\backup 文件夹内的所有内容备份到其他磁盘上，以备系统出现故障时还原。为了保证所备份数据的完整性及备份过程的安全性，在对 C:\windows\system32\dhcp\backup 文件夹内的数据进行备份时，必须先将 DHCP 服务停止。

（2）DHCP 数据库的还原。

DHCP 服务器在启动时，会自动检查 DHCP 数据库是否损坏，如果发现有损坏，将自动用 C:\windows\system32\dhcp\backup 文件夹内的数据进行还原。但当 backup 文件夹内数据被损坏时，系统将无法自动完成还原工作，也无法提供相关的服务。

当 backup 文件夹中的数据遭到损坏时，只有用手动的方法先将备份的文件复制到 C:\windows\system32\dhcp\backup 文件夹内，然后重新启动 DHCP 服务器，让 DHCP 服务器自动进行数据还原。

9. DHCP 故障转移

DHCP 故障转移是一种网络配置，允许在两个 DHCP 服务器之间共享作用域信息，以实现负载均衡或冗余备份。这种配置允许两个 DHCP 服务器同时向客户端提供 IP 地址配置，从而提高网络的可靠性和可用性。在 DHCP 故障转移的配置中，两个 DHCP 服务器之间建立故障转移关系，并为该关系指定一个唯一的名称。这些服务器在配置期间交换此名称，使得一个 DHCP 服务器能够与其他 DHCP 服务器建立多个故障转移关系，只要它们都有唯一的名称。

DHCP 故障转移有两种模式。

（1）负载均衡：这是默认模式，其中两个服务器同时向客户端提供 IP 配置。哪个服务器响应 IP 配置请求取决于管理员如何配置负载分布比率，默认比率为 50 : 50。

（2）热备用服务器：在此模式中，一个服务器是主服务器，另一个是辅助服务器。主服务器主动为范围或子网分配 IP 配置。仅当主服务器不可用时，辅助 DHCP 服务器才担任这一角色。这种模式最适用于灾难恢复站点位于不同位置的部署，以确保 DHCP 服务器不会为客户端提供服务，除非有主服务器中断。

任务1 配置 DHCP 服务器

配置 DHCP 服务器,使其为网络中的客户机器自动分配 IP 地址信息。

任务场景

基于以上项目背景的需求,要确保所有网络用户的终端都能正常使用公司网络,即要保证所有的网络终端配置有正确的网络 IP 地址、网关、DNS 等信息。对于这些网络信息,网络管理员可以手动配置。但是手动配置这些网络信息存在以下缺陷:

①IP 地址利用率低;

②工作量大;

③人为错误率高;

④灵活性差。

理想的情况是,网络用户只要终端接入(无线或有线)公司网络,就可以直接使用公司网络及互联网,网络用户无须配置任何网络信息。

通过在网络中部署 DHCP 服务器,可以实现网络用户无感使用公司网络。

任务实施

1.实验环境

(1)DHCP 服务器需要有固定 IP 地址,安装并启用 DHCP 服务,已配置 DHCP 作用域。

(2)实验拓扑图见图 6-1。

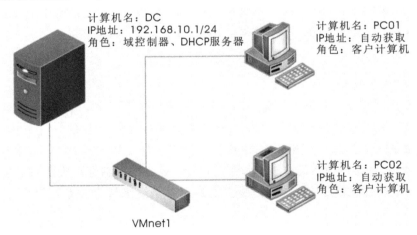

图 6-1

(3)DHCP 服务作用域配置要求。

①地址范围:192.168.10.1~192.168.1.253。

②排除范围:192.168.10.1~192.168.10.10。

③租用时间:默认。

④网关地址:192.168.10.254。

⑤DNS 地址:192.168.10.1。

2. 安装 DHCP 服务

本任务在 DC 域控制器上安装和配置 DHCP 服务器。

步骤 1 在服务器上打开【服务器管理器】窗口,选择【仪表板】→【快速启动(Q)】→【添加角色和功能】选项(图 6-2)。

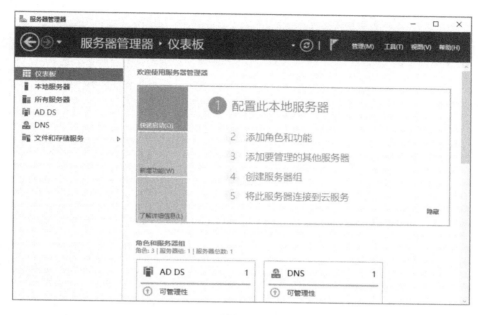

图 6-2

步骤 2 打开【添加角色和功能向导】窗口,在【开始之前】界面(图 6-3)中,单击【下一步(N)>】按钮。

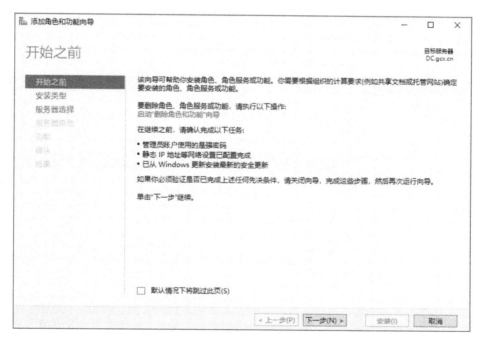

图 6-3

步骤3　在【选择安装类型】界面中,选中【基于角色或基于功能的安装】单选按钮(图 6-4),单击【下一步(N)>】按钮。

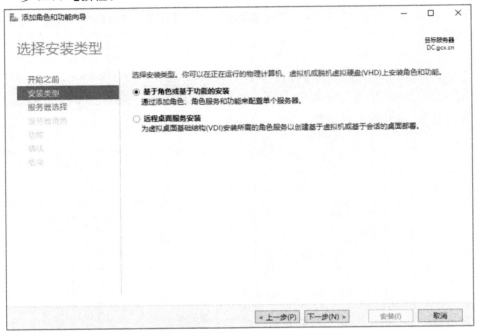

图 6-4

步骤4　在【选择目标服务器】界面中,选中【从服务器池中选择服务器】单选按钮,在【服务器池】选区中选择【DC. gcx. cn】选项(图 6-5),单击【下一步(N)>】按钮。

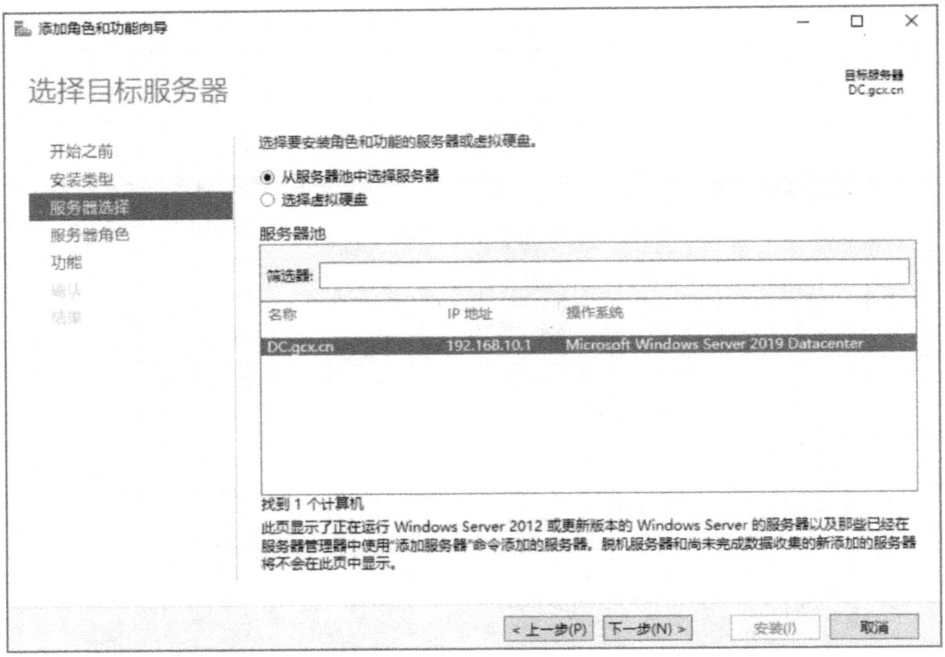

图 6-5

步骤5　在【选择服务器角色】界面中，勾选【DHCP 服务器】复选框（图 6-6），在弹出的【添加 DHCP 服务器所需的功能？】对话框中单击【添加功能】按钮，返回确认【DHCP 服务器】角色处于已选择状态后，单击【下一步(N)＞】按钮。

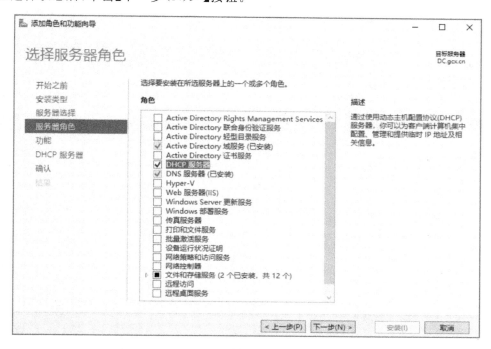

图 6-6

步骤6　在【选择功能】界面，保持默认设置，单击【下一步(N)＞】按钮（图 6-7）。

图 6-7

步骤7　在【DHCP 服务器】界面中，保持默认设置，单击【下一步(N)＞】按钮(图 6-8)。

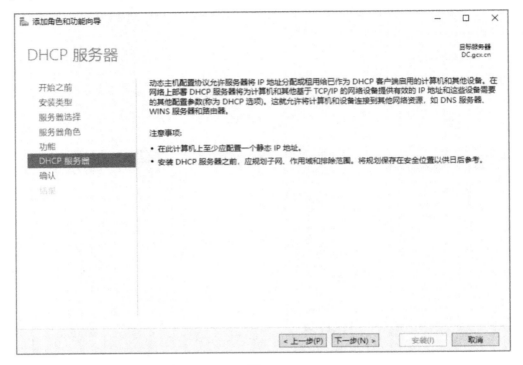

图 6-8

步骤8　在【确认安装所选内容】界面(图 6-9)中，单击【安装(I)】按钮进行安装。

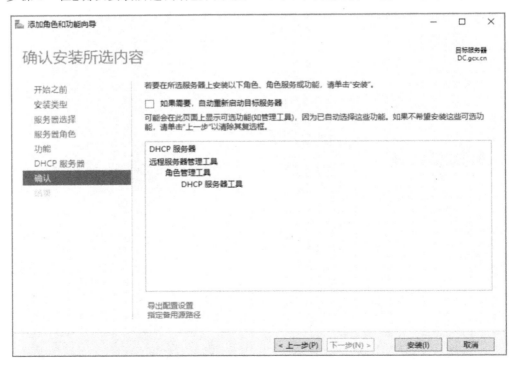

图 6-9

步骤9 等待安装完成后,在【安装进度】界面(图 6-10)中,单击【关闭】按钮。

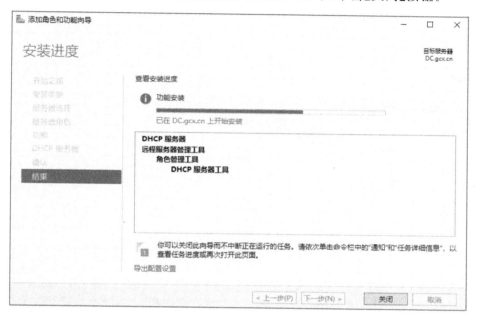

图 6-10

3. 授权 DHCP 服务器

在活动目录的网络中,为了防止非法 DHCP 服务器运行可能造成的 IP 地址混乱,提高 DHCP 服务器使用的安全性,必须使用管理员身份对合法 DHCP 服务器进行授权,未获得授权的 DHCP 服务器将无法提供服务。在工作组的网络环境中,则不支持对 DHCP 服务器进行授权。

步骤1 在【服务器管理器】窗口中,单击通知区域的感叹号图标,在弹出的对话框(图 6-11)中单击【完成 DHCP 配置】文字链接。

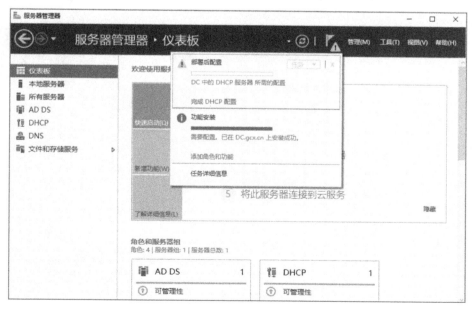

图 6-11

步骤2　打开【DHCP安装后配置向导】窗口,在【描述】界面(图6-12)中,单击【下一步(N)>】按钮。

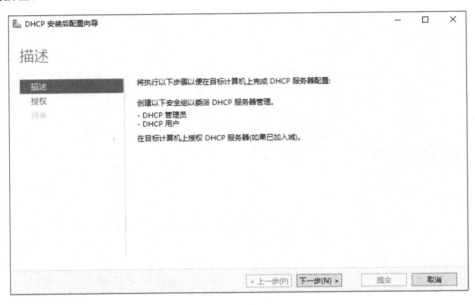

图 6-12

步骤3　在【授权】界面中,输入能够为DHCP服务器提供授权的用户凭据,如果是域成员服务器,则需要使用域管理员或DHCP用户作为凭据,如果DHCP服务器位于域控制器上,则选中【使用以下用户凭据(U)】单选按钮(图6-13),再单击【提交】按钮。

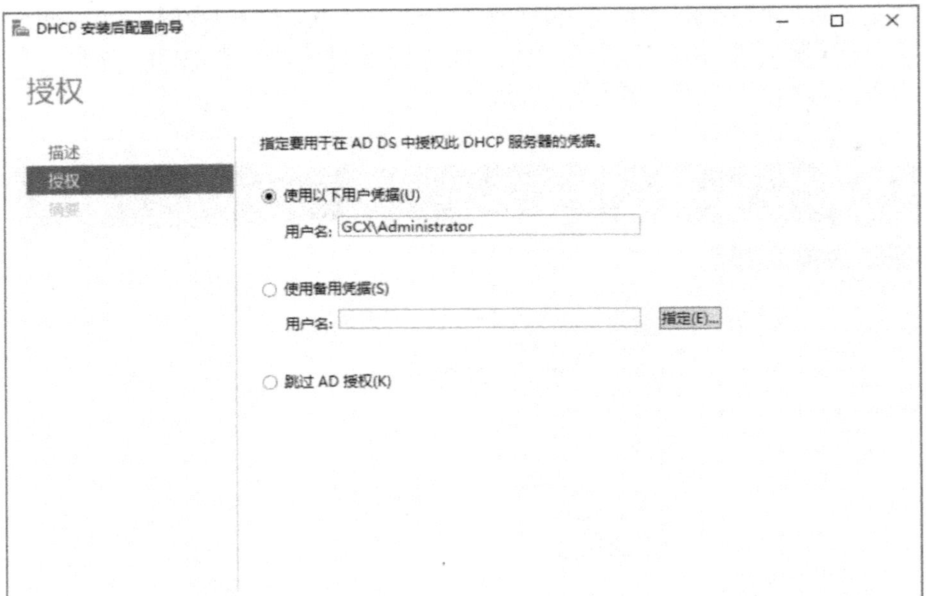

图 6-13

144

步骤4 在【摘要】界面(图 6-14)中,单击【关闭】按钮完成 DHCP 服务器授权。

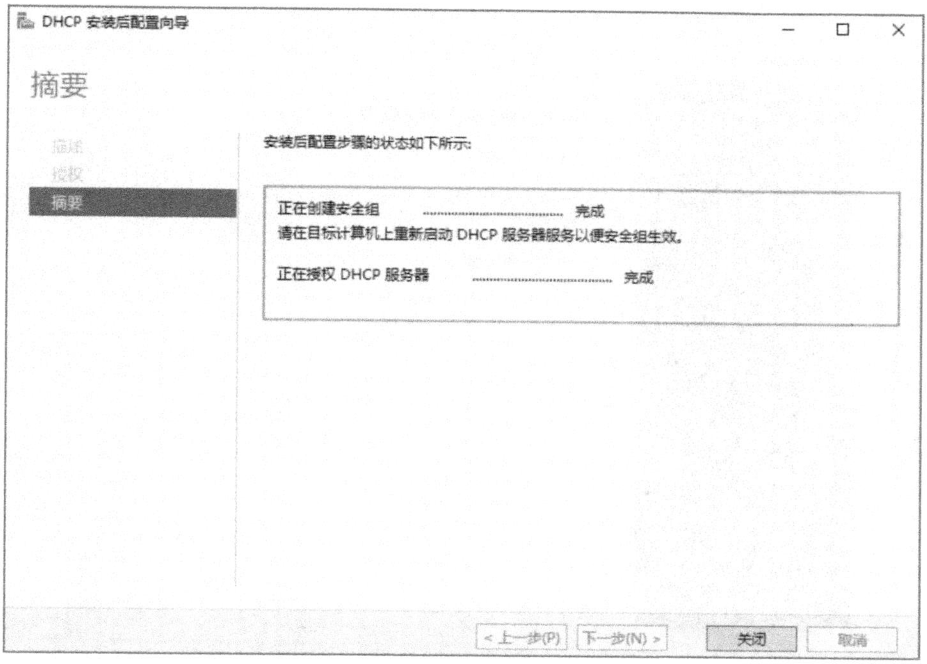

图 6-14

4. 配置 DHCP 服务器

步骤1 在【服务器管理器】窗口中,单击【工具】→【DHCP】命令,打开【DHCP】窗口。

步骤2 在【DHCP】窗口中,选择【DHCP】→【dc. gcx. cn】选项,右键单击【IPv4】选项,在弹出的快捷菜单中选择【新建作用域(P)...】命令(图 6-15),打开【新建作用域向导】对话框。

图 6-15

步骤3　在【新建作用域向导】对话框的【欢迎使用新建作用域向导】界面(图 6-16)中,单击【下一步(N)＞】按钮。

图 6-16

步骤4　在【作用域名称】界面中输入作用域的名称,本任务将其设置为"gcx 公司网络"(图 6-17),单击【下一步(N)＞】按钮。

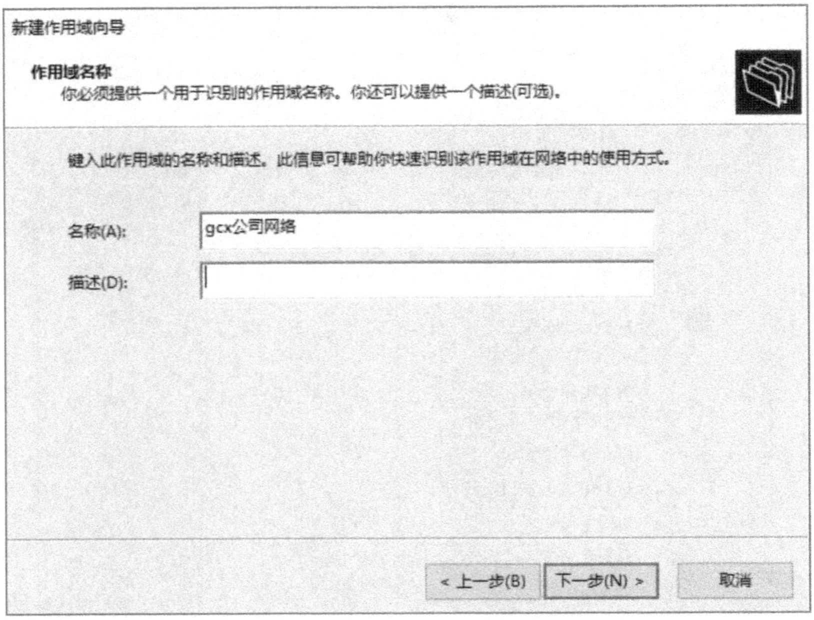

图 6-17

步骤5　在【IP 地址范围】界面中,将【起始 IP 地址(S):】设置为"192.168.10.1",由于 192.168.10.254 为网关地址,故不能通过 DHCP 分配给客户端,因此将【结束 IP 地址(E):】设置为"192.168.10.253",子网掩码【长度(L):】设置为"24"(或直接将【子网掩码(U):】设置为"255.255.255.0"),单击【下一步(N)＞】按钮(图 6-18)。

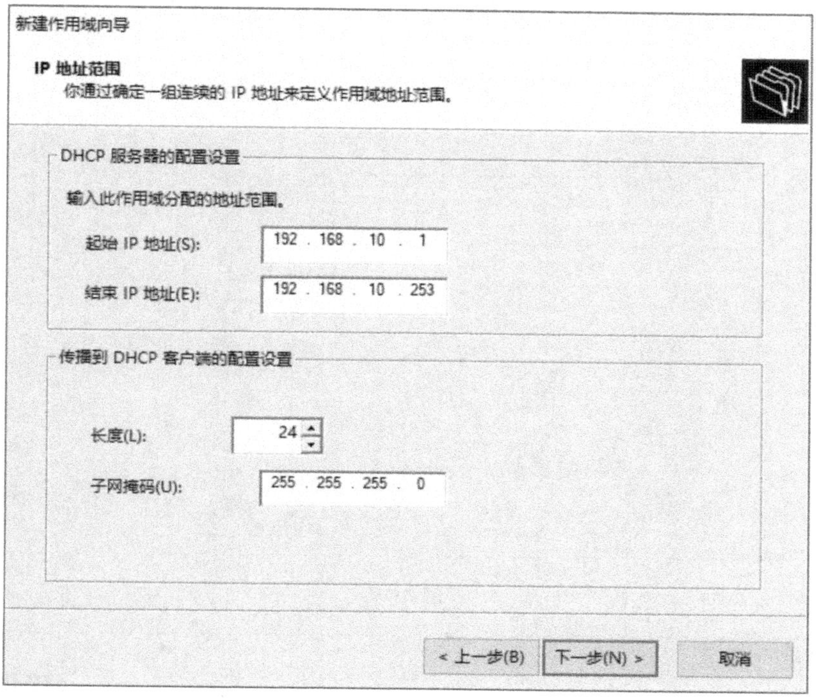

新建作用域向导

IP 地址范围
你通过确定一组连续的 IP 地址来定义作用域地址范围。

DHCP 服务器的配置设置

输入此作用域分配的地址范围。

起始 IP 地址(S):　192.168.10.1

结束 IP 地址(E):　192.168.10.253

传播到 DHCP 客户端的配置设置

长度(L):　24

子网掩码(U):　255.255.255.0

< 上一步(B)　　下一步(N) >　　取消

图 6-18

步骤6　在【添加排除和延迟】界面中,输入要排除的 IP 地址范围。GCX 公司现有服务器将使用 192.168.10.1 到 192.168.10.10 这 10 个固定 IP 地址,因此将【起始 IP 地址(S):】和【结束 IP 地址(E):】分别设置为"192.168.10.1"和"192.168.10.10"(图 6-19),单击【添加(D)】按钮,这些地址将显示在【排除的地址范围(C):】选区中,单击【下一步(N)＞】按钮。

步骤7　在【租用期限】界面中输入 IP 地址所能租用的最长时间,此处使用默认设置的 8 天(图 6-20),单击【下一步(N)＞】按钮。

步骤8　在【配置 DHCP 选项】界面中选中默认的【是,我想现在配置这些选项(Y)】单选按钮(图 6-21),再单击【下一步(N)＞】按钮。

提示:DHCP 选项,是指 DHCP 服务器在分配 IP 地址时可包含的其他信息,包括默认网关、DNS 服务器地址等。作用域选项只对所在的单个作用域生效,服务器选项则对所有作用域生效。若同时对某一作用域设置作用域选项和服务器选项,则以其作用域选项的设置优先。

步骤9　在【路由器(默认网关)】界面中输入公司内网的网关 IP 地址"192.168.10.254"(图 6-22),单击【添加(D)】按钮,确保上述地址显示在【IP 地址(P):】下方,单击【下一步(N)＞】按钮。

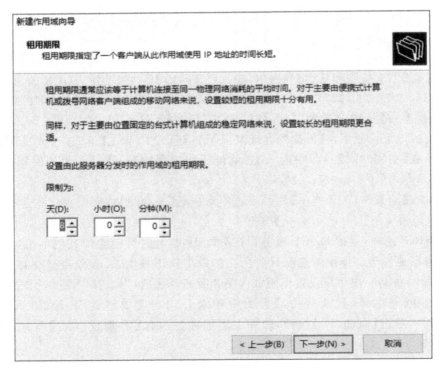

图 6-19

图 6-20

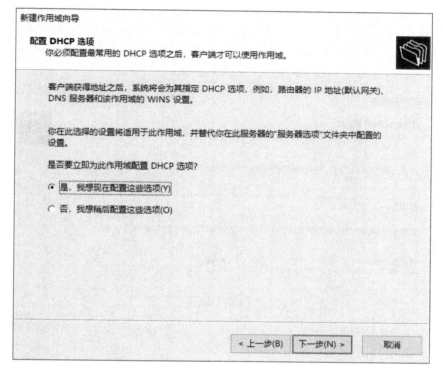

图 6-21

图 6-22

步骤10 在【域名称和DNS服务器】界面中,输入公司已有的DNS的父域名称"gcx.cn",在下方的【IP地址(P):】文本框中输入公司现有的DNS服务器的地址"192.168.10.1",本任务的DHCP服务器安装在域服务器DC上,此服务器上已经配置了DNS服务,因此192.168.10.1会自动填入(图6-23),单击【下一步(N)>】按钮。

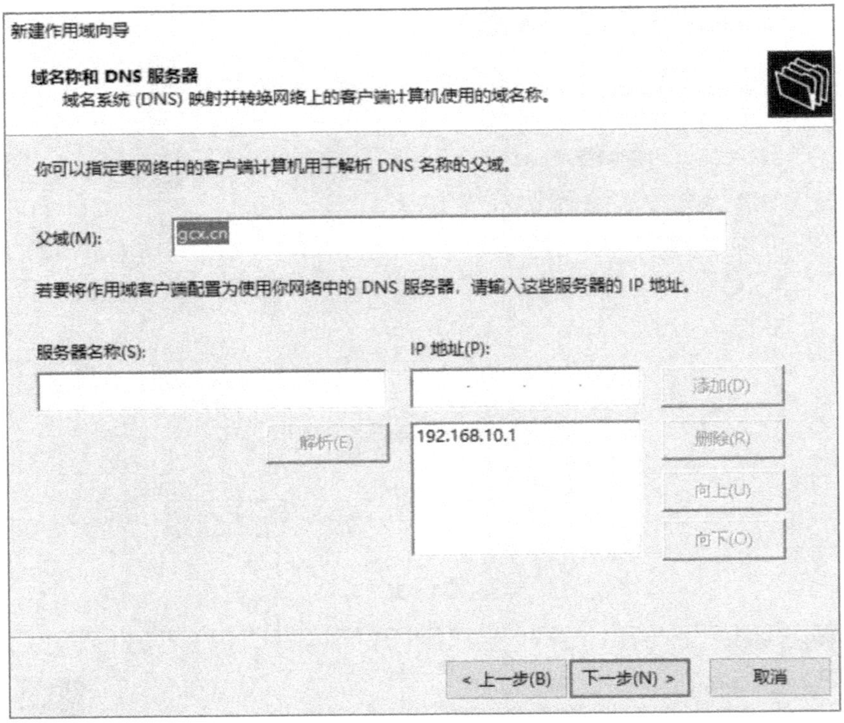

图 6-23

步骤11 在【WINS服务器】界面中,保持默认设置,单击【下一步(N)>】按钮(图6-24)。

步骤12 在【激活作用域】界面中,选中默认的【是,我想现在激活此作用域(Y)】单选按钮(图6-25),单击【下一步(N)>】按钮。

步骤13 在【正在完成新建作用域向导】界面(图6-26)中,单击【完成】按钮,完成DHCP服务器的主要配置。

步骤14 返回【DHCP】窗口,即可看到通过上述步骤创建的DHCP作用域(图6-27)。

5.配置DHCP客户端

步骤1 本任务将PC01计算机作为DHCP客户端。在DHCP客户端上修改网络适配器【本地连接】的属性,在网络适配器的【Internet协议版本4(TCP/IPv4)属性】对话框中,分别选中【自动获得IP地址(O)】单选按钮和【自动获得DNS服务器地址(B)】单选按钮(图6-28),单击【确定】按钮。

提示:在虚拟机的网络设置中,若使用VMnet1网络连接,需要关闭虚拟机软件的DHCP服务。单击虚拟机软件的【编辑】菜单,选择【虚拟网络编辑器(N)...】,打开【虚拟网络编辑器】界面(图6-29)。

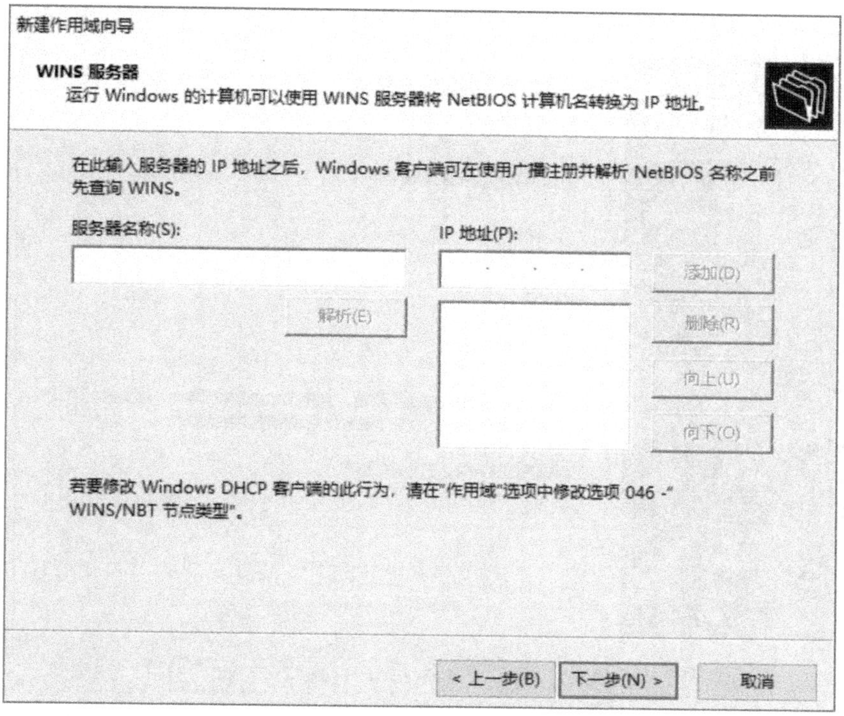

新建作用域向导

WINS 服务器
运行 Windows 的计算机可以使用 WINS 服务器将 NetBIOS 计算机名转换为 IP 地址。

在此输入服务器的 IP 地址之后，Windows 客户端可使用广播注册并解析 NetBIOS 名称之前
先查询 WINS。

服务器名称(S):   IP 地址(P):

                                                      添加(D)

解析(E)   删除(R)

                                                      向上(U)

                                                      向下(O)

若要修改 Windows DHCP 客户端的此行为，请在"作用域"选项中修改选项 046 -"
WINS/NBT 节点类型"。

< 上一步(B)   下一步(N) >   取消

图 6-24

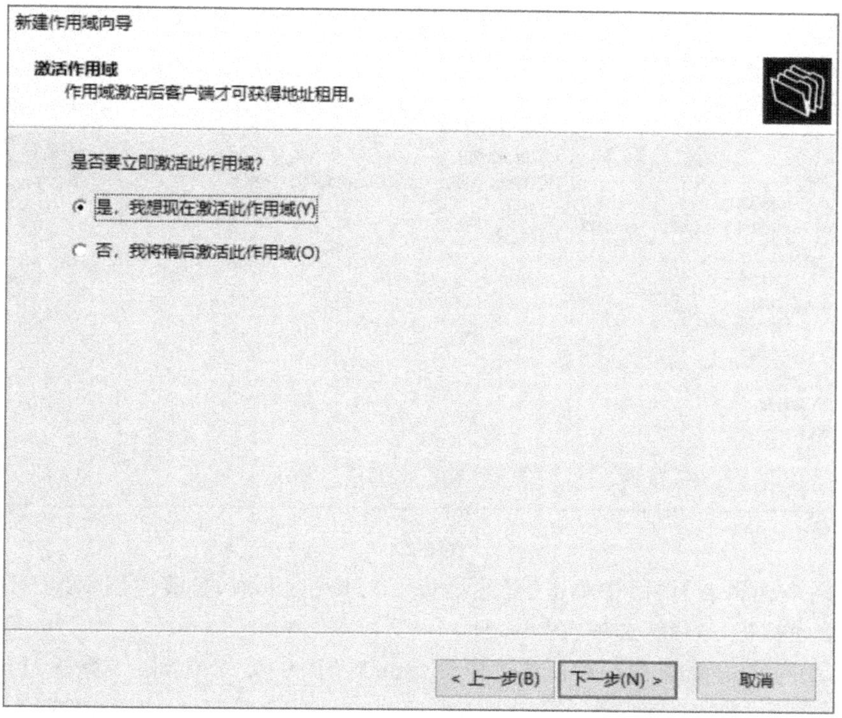

新建作用域向导

激活作用域
作用域激活后客户端才可获得地址租用。

是否要立即激活此作用域?

⦿ 是，我想现在激活此作用域(Y)

○ 否，我将稍后激活此作用域(O)

< 上一步(B)   下一步(N) >   取消

图 6-25

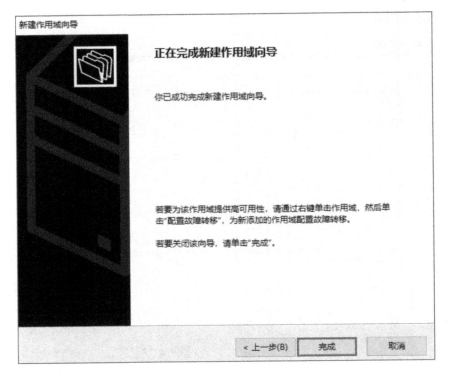

图 6-26

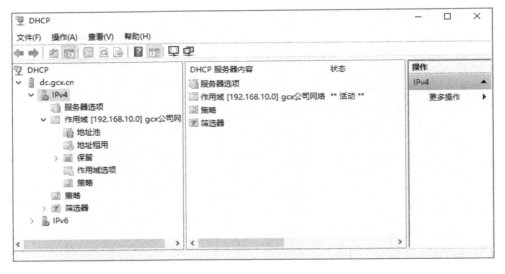

图 6-27

在【虚拟网络编辑器】界面中单击【更改设置(C)】按钮,取消勾选【使用本地 DHCP 服务将 IP 地址分配给虚拟机(D)】复选项(图 6-30)。

步骤 2 在网络适配器的【网络连接详细信息】界面中可以看到,计算机已经获得了由 DHCP 服务器 192.168.10.1 分配的地址 192.168.10.12(图 6-31)。还可以在客户端的命令 提示符窗口中输入命令"ipconfig /all"进行查看(图 6-32)。

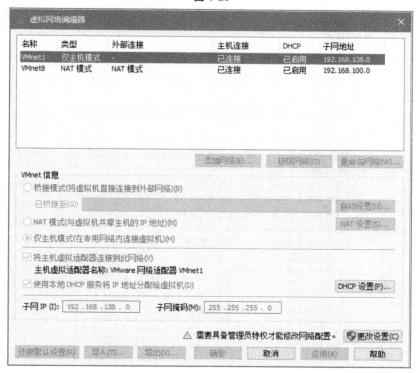

图 6-28

图 6-29

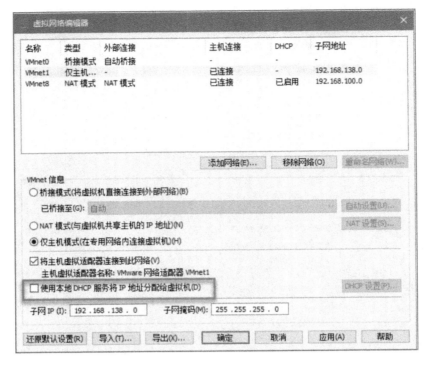

图 6-30

图 6-31

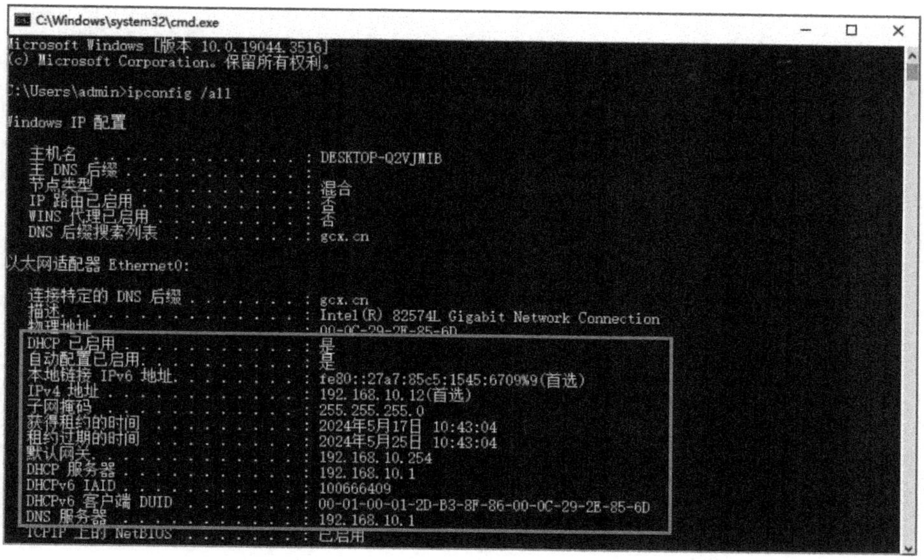

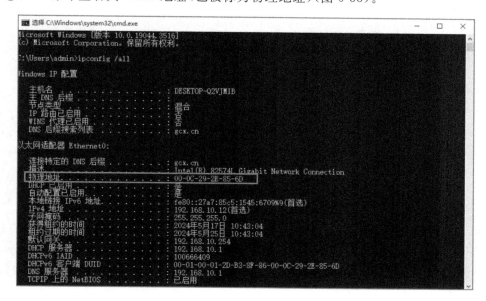

图 6-32

6. 配置与测试 DHCP 保留

DHCP 保留,是指 DHCP 服务器为某一客户端始终分配一个无租用期限的 IP 地址。使用 DHCP 保留就能确保客户端自动获得的 IP 始终为同一 IP 地址,其操作方法是在作用域中新建保留项,绑定客户端的 MAC 地址与要分配的地址。

步骤 1　本任务以为 PC01 计算机设置保留 IP 地址为例,首先在 PC01 计算机上使用 ipconfig /all 命令查看其 MAC 地址(也被称为物理地址)(图 6-33)。

图 6-33

步骤 2　在【DHCP】窗口中,鼠标右键单击上述步骤所创建作用域中的【保留】选项,在弹出的快捷菜单中选择【新建保留(R)...】命令(图 6-34)。

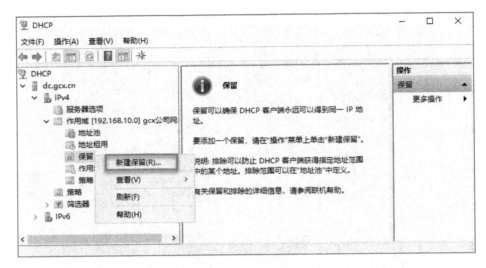

图 6-34

步骤 3　在【新建保留】对话框中,将【保留名称(R):】设置为便于识别的名称,此处使用"PC01",输入要为其保留的 IP 地址和 PC01 计算机的 MAC 地址(图 6-35),完成输入后单击【添加(A)】按钮。

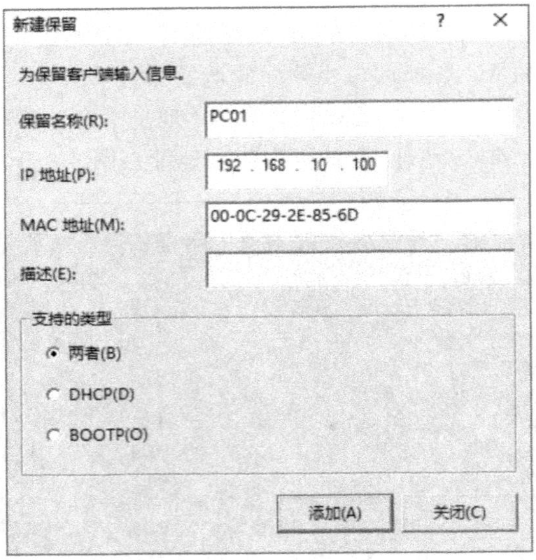

图 6-35

步骤 4　返回【DHCP】窗口,可在【保留】选区中查看已设置的 DHCP 保留项(图 6-36)。

步骤 5　在客户端的命令提示符窗口中分别执行 ipconfig /release、ipconfig /renew 命令,可以查看到此计算机已获得了 192.168.10.100 的地址,即在 DHCP 服务器中设置的保留 IP 地址(图 6-37)。

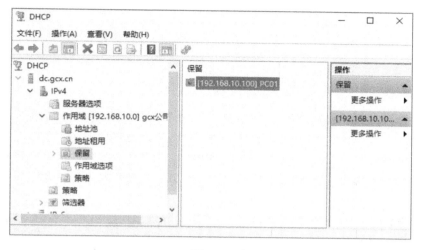

图 6-36

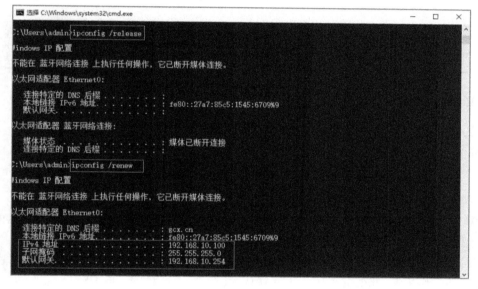

图 6-37

提示：

①ipconfig /release：释放当前已租用的 IP 地址。

②ipconfig /renew：重新向 DHCP 服务器租用 IP 地址。

任务小结

在 TCP/IP 网络中，每个连接 Internet 的设备都需要被分配唯一的 IP 地址。DHCP 服务使网络管理员能从中心结点监控和分配 IP 地址。利用 DHCP 实现 IP 地址自动分配，不仅缩短了配置和部署设备的时间，也降低了发生配置错误的可能性。

任务2 配置DHCP服务器故障转移

任务场景

随着公司计算机数量越来越多,公司主要DHCP服务器超负荷运行,为避免DHCP服务单点故障,需要在公司网络中增加冗余DHCP服务器,实现负载均衡和冗余备份。

DCHP故障转移是Windows Server 2019中有关DHCP服务器的一种容错机制,当一台DHCP服务器遇到故障不能正常工作时,另外一台DHCP服务器仍能正常工作,为网络提供DHCP服务。

本任务中设置2台DHCP服务器,使公司网络实现负载均衡和冗余备份。DHCP服务器角色及承担任务如表6-1所示。

表6-1 DHCP服务器角色及承担任务

主机名	IP地址	角色	承担任务
DC	192.168.10.1	域控制器、DHCP服务器	本地服务器,承担50%IP地址分配任务
DHCP	192.168.10.2	DHCP服务器	伙伴服务器,承担50%IP地址分配任务

任务实施

1.在伙伴服务器上安装并授权DHCP服务器

本任务使用计算机名为DHCP的计算机作为伙伴服务器。故需要在DHCP计算机上添加DHCP服务器角色,并完成授权,确保服务能够正常运行。操作步骤参考本项目任务1。

2.以DC为本地服务器配置故障转移

步骤1 在本地服务器DC的【DHCP】窗口中,鼠标右键单击【IPv4】选项,在弹出的快捷菜单中选择【配置故障转移(G)...】命令(图6-38)。

步骤2 在【配置故障转移】对话框的【DHCP故障转移简介】界面中,选择需要配置DHCP故障转移的作用域,此处的可用作用域默认为【全选(A)。】状态,单击【下一步(N)>】按钮(图6-39)。

步骤3 在【指定要用于故障转移的伙伴服务器】界面(图6-40)中输入伙伴服务器的主机名"dhcp.gcx.cn"或IP地址"192.168.10.2",或单击【添加服务器(A)】按钮,在gcx.cn域中通过浏览的方式选择【dhcp.gcx.cn】,单击【下一步(N)>】按钮。

步骤4 在【新建故障转移关系】界面中可以看到伙伴关系的名称,勾选【启用消息验证(E)】复选框,输入共享机密(DHCP服务器之间相互验证的密码)(图6-41),单击【下一步(N)>】按钮。

步骤5 在故障转移汇总信息界面(图6-42)中,单击【完成】按钮。

步骤6 在故障转移配置成功界面(图6-43)中,单击【关闭】按钮。

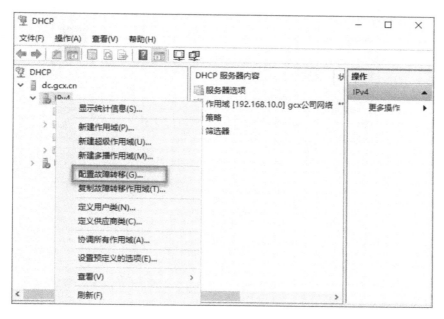

图 6-38

图 6-39

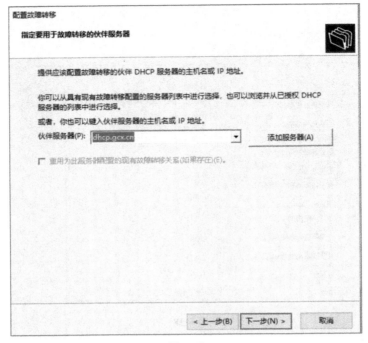

图 6-40

图 6-41

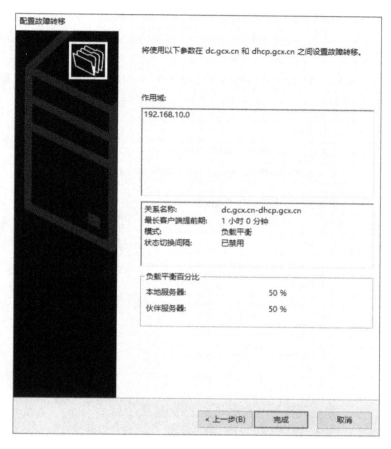

图 6-42

图 6-43

3. 在伙伴服务器 DHCP 上查看 DHCP 服务器配置信息

步骤 1　在 DHCP 服务器的【DHCP】窗口中，鼠标右键单击【IPv4】选项，在弹出的快捷菜单中选择【属性】命令。

步骤 2　在【IPv4 属性】窗口的【故障转移】选项卡中，可以看到此 DHCP 服务器已和 DC 建立了伙伴关系（图 6-44）。

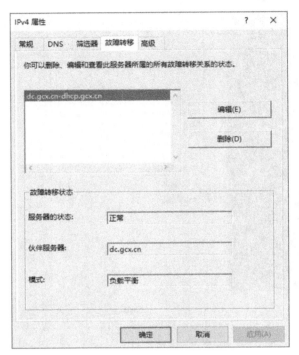

图 6-44

4. 测试 DHCP 故障转移效果

步骤 1　本任务以一台安装有 Windows 10 系统且名为 PC02 的计算机为例，添加一台新的 DHCP 客户端，在该客户端上修改 IP 地址设置方式为自动获得 IP 地址、自动获得 DNS 服务器地址，打开网络适配器的【网络连接详细信息】对话框，即可看到该计算机获得的 IP 地址 192.168.10.13 是由 DHCP 服务器 192.168.10.2 分配的，而不是由原来 IP 地址为 192.168.10.1 的 DHCP 服务器分配的（图 6-45）。

步骤 2　在计算机名为 DHCP 的服务器中，打开【DHCP】窗口，单击【地址租用】选项，即可在右侧选区中看到地址租用信息（图 6-46）。

任务小结

（1）DHCP 故障转移功能可以在一定程度上解决 DHCP 服务器单点故障的问题，为了保证网络安全，在开启 DHCP 故障转移时要设置共享机密。

（2）若 DHCP 故障转移关系或者作用域信息同步失败，则需要重启 DHCP 服务或服务器。

图 6-45

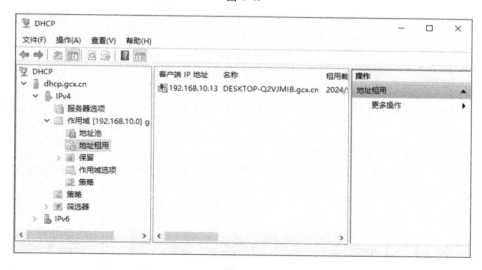

图 6-46

任务 3　配置 DHCP 中继代理

通过配置 DHCP 中继代理,使网络中不同子网的客户端机器能自动获取 IP 地址信息,从而使接入网络的客户端机器都能直接联网,而不用手动设置 IP 地址。

任务场景

公司的两栋楼配置了不同的子网,为实现不同楼栋的客户端机器在任何位置都可自动获取 IP 地址信息,需要在另一楼栋配置 DHCP 中继代理服务器,才能使接入网络的客户端机器直接联网,而不用手动为其设置 IP 地址。

任务实施

本任务实验环境:有三台 PC,一台作为 DHCP 服务器,一台作为 DHCP 中继代理服务器,一台为测试客户机。

实验拓扑图如图 6-47 所示。

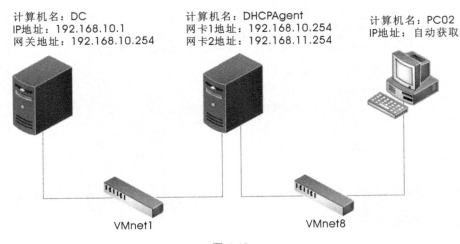

图 6-47

实验计算机具体配置信息如下。

(1)DHCP 服务器。

计算机名:DC。

操作系统:Windows Server 2019。

IP 地址:192.168.10.1(虚拟网卡选择 VMnet1,关闭 VMnet1 本地 DHCP 服务)。

网关:192.168.10.254。

子网掩码:255.255.255.0。

作用域 1:192.168.10.1~192.168.10.253。

排除范围:192.168.10.1~192.168.10.10。

作用域 2:192.168.11.1~192.168.11.253。

排除范围:192.168.11.1~192.168.11.10。

租用时间:默认。

(2)DHCP 中继代理服务器。

计算机名:DHCPAgent。

操作系统:Windows Server 2019。

网卡 1 配置 IP 地址:192.168.10.254(虚拟网卡选择 VMnet1)。

子网掩码:255.255.255.0。

网卡2配置IP地址：192.168.11.254(虚拟网卡选择VMnet8,关闭VMnet8本地DHCP服务)。

子网掩码：255.255.255.0。

(3)测试客户机。

计算机名：PC02。

操作系统：Windows 10。

自动获取IP(虚拟网卡选择VMnet8)。

1.设置DHCP中继代理服务器DHCPAgent的网络参数

步骤1 单击虚拟机【编辑】菜单,选择【虚拟网络编辑器】,在打开的【虚拟网络编辑器】界面中设置VMnet8虚拟网络,取消本地DHCP服务(图6-48)。

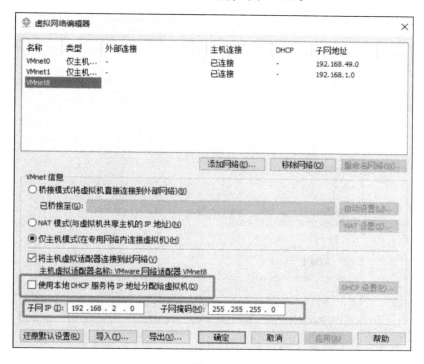

图6-48

步骤2 设置虚拟机DHCPAgent：增加虚拟网卡,选择【VMnet8(仅主机模式)】(图6-49)。

步骤3 配置网卡1的TCP/IP信息(图6-50)。

步骤4 配置网卡2的TCP/IP信息(图6-51)。

2.配置DHCP服务器DC的网络参数及作用域2

步骤1 设置DHCP服务器DC的网络参数(图6-52)。

步骤2 新建作用域2,操作步骤参考本项目任务1。创建完成后,结果如图6-53所示。

3.配置DHCP中继代理服务器DHCPAgent

(1)添加【远程访问】服务角色。

步骤1 在【服务器管理器】界面的【仪表板】中,单击【添加角色和功能】(图6-54)。

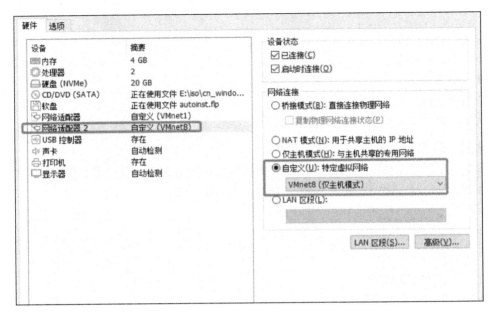

图 6-49

图 6-50

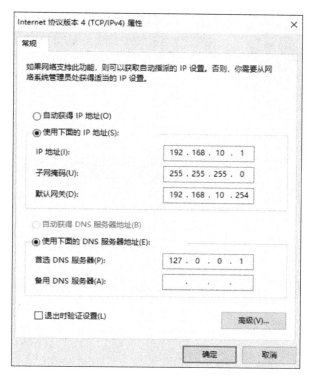

图 6-51

图 6-52

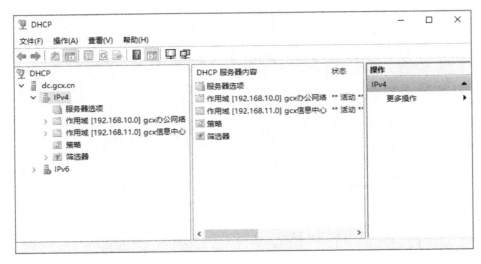

图 6-53

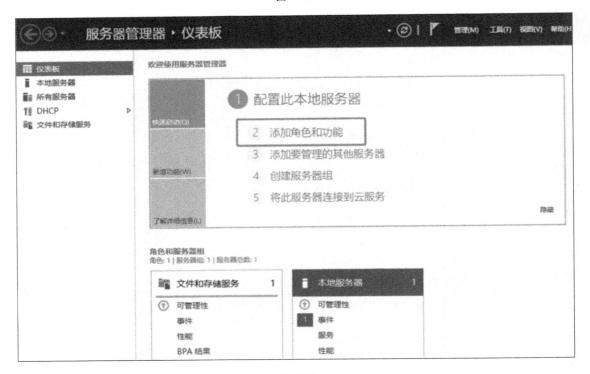

图 6-54

步骤 2　在【开始之前】【安装类型】【服务器选择】界面中,保持默认选项,单击【下一步(N)>】按钮(图 6-55~图 6-57)。

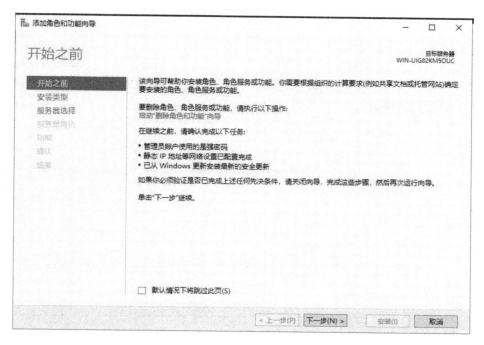

图 6-55

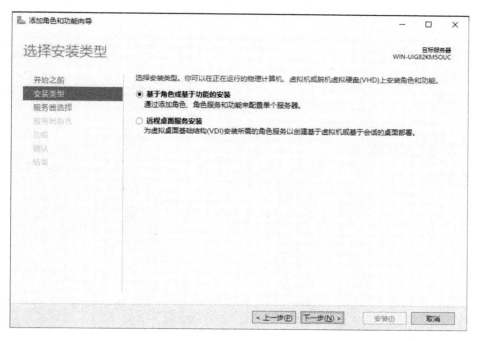

图 6-56

图 6-57

步骤 3　在【选择服务器角色】界面的【服务器角色】选项中,勾选【远程访问】复选框,持续单击【下一步(N)＞】按钮(图 6-58~图 6-60)。

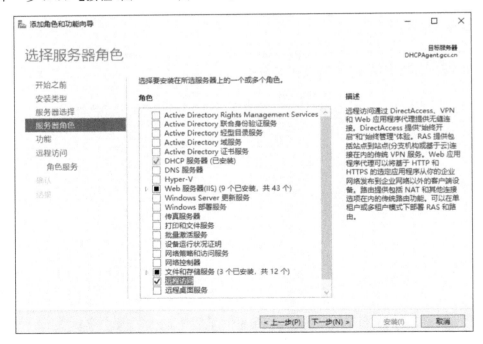

图 6-58

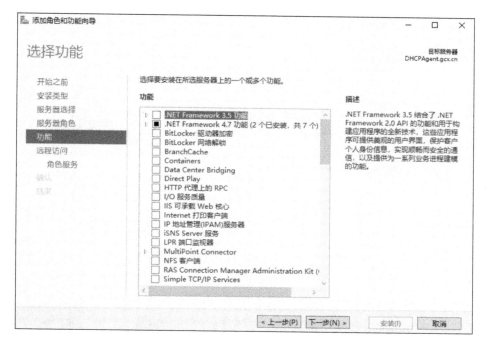

图 6-59

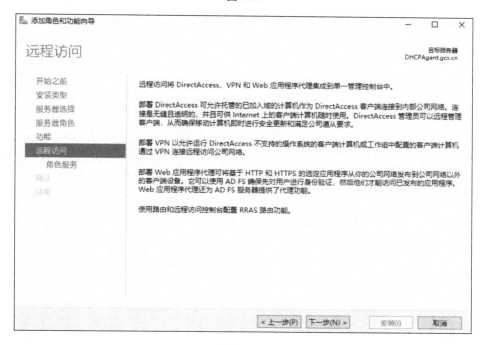

图 6-60

步骤 4　在【选择目标服务器】界面(图 6-61)的【角色服务】选项中,勾选【DirectAccess 和 VPN(RAS)】和【路由】复选框,安装相应的角色服务,单击【下一步(N)>】按钮。

步骤 5　在【确认安装所选内容】界面(图 6-62)中,单击【安装(I)】按钮。

图 6-61

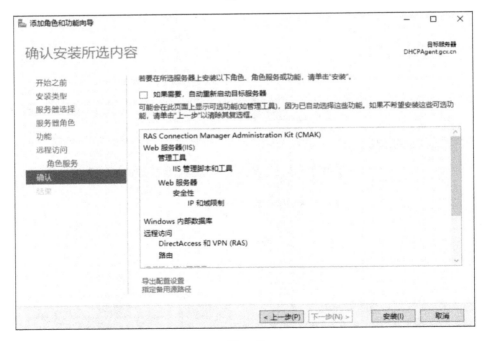

图 6-62

步骤6　安装完成后,单击【关闭】按钮(图6-63)。

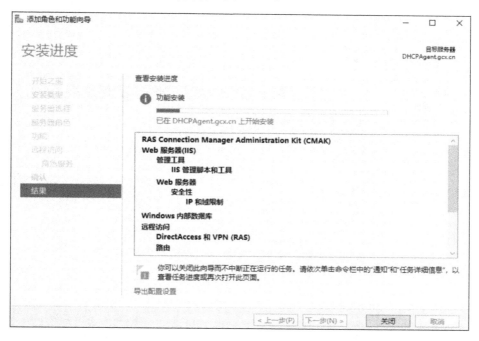

图 6-63

(2)添加 LAN 路由功能。

步骤1　在【服务器管理器】界面中,选择【工具(T)】菜单下的【路由和远程访问】命令(图6-64)。

图 6-64

步骤2 在【路由和远程访问】界面中,鼠标右键单击服务器,在快捷菜单中选择【配置并启用路由和远程访问(C)】命令(图 6-65)。

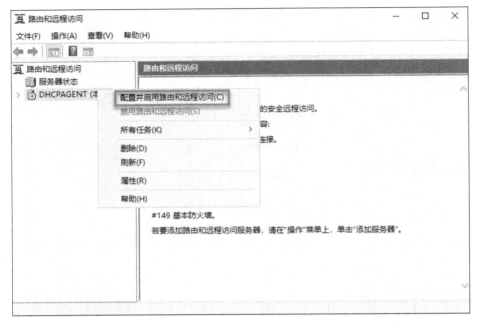

图 6-65

步骤3 在【路由和远程访问服务器安装向导】界面(图 6-66)中,单击【下一步(N)>】按钮开始配置。

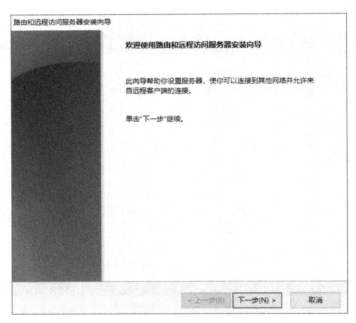

图 6-66

步骤4　在【配置】选项中选择【自定义配置(C)】，然后单击【下一步(N)＞】按钮（图 6-67）。

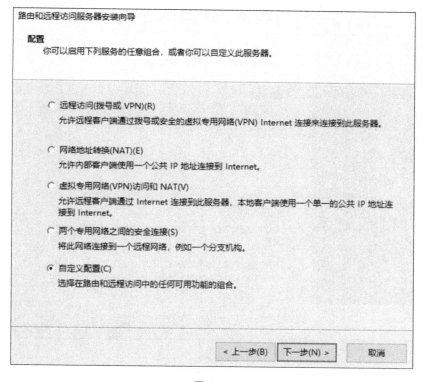

图 6-67

步骤5　在【自定义配置】选项中，选择【LAN 路由(L)】，单击【下一步(N)＞】按钮，并依次单击【完成】和【启动服务】按钮（图 6-68～图 6-70）。

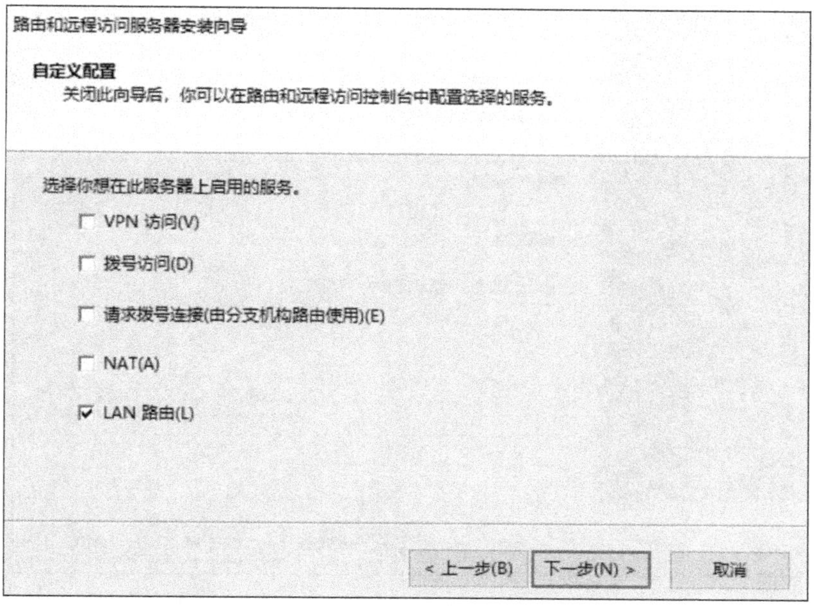

图 6-68

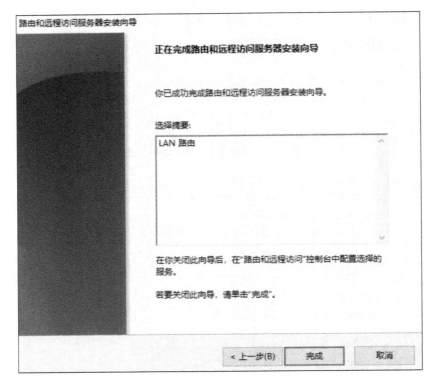

图 6-69

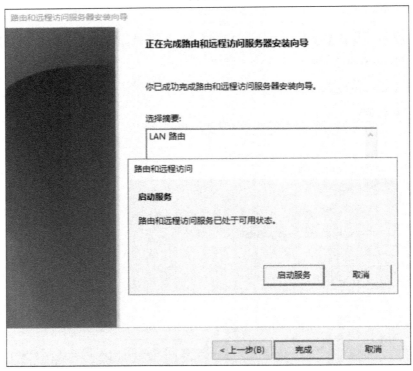

图 6-70

（3）添加 DHCP 中继代理协议。

步骤 1 在【路由和远程访问】界面中展开控制台树，在【IPv4】列表下的【常规】选项上单击鼠标右键，在快捷菜单选择【新增路由协议(P)...】（图 6-71）。

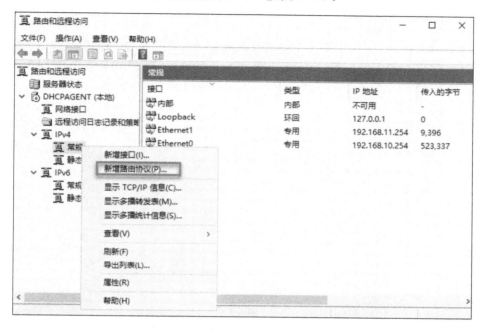

图 6-71

步骤 2 在打开的【新路由协议】界面中，选择路由协议【DHCP Relay Agent】（图 6-72），然后单击【确定】按钮。

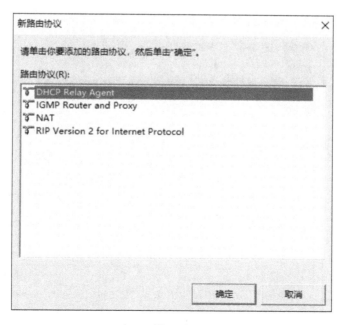

图 6-72

步骤3　回到【路由和远程访问】界面,鼠标右键单击【DHCP 中继代理】,选择【新增接口(I)...】命令(图 6-73)。

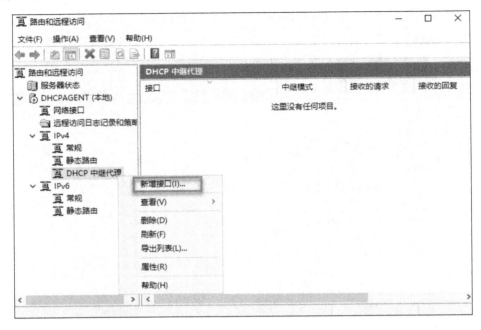

图 6-73

步骤4　在弹出的【DHCP Relay Agent 的新接口】对话框(图 6-74)中,把 Ethernet1 添加到【DHCP 中继代理】,在【DHCP 中继属性-Ethernet1 属性】窗口中,保持默认值,单击【确定】按钮。

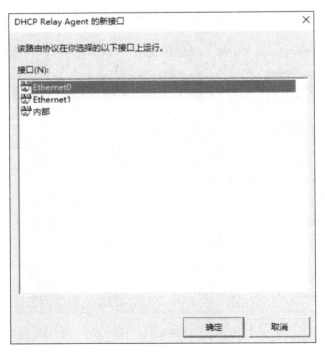

　　　　　　　　图 6-74

步骤5 在【路由和远程访问】界面中,右键单击【DHCP 中继代理】,选择【属性(R)】命令,打开【DHCP 中继代理 属性】窗口(图 6-75),设置 DHCP 服务器的 IP 地址为"192.168.10.1",依次单击【添加(D)】和【确定】按钮。至此,DHCP 中继代理服务器配置完毕。

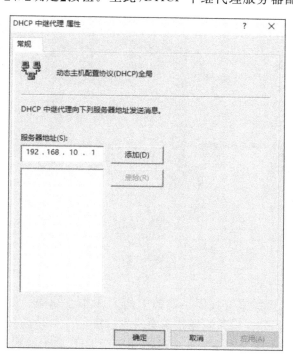

图 6-75

4. 客户机测试验证

步骤1 启动并登录客户机 PC02,利用 ipconfig /all 查看 TCP/IP 网络属性(图 6-76)。

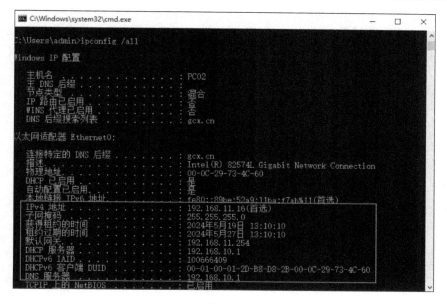

图 6-76

步骤 2　登录 DHCP 服务器,查看地址租用情况(图 6-77)。

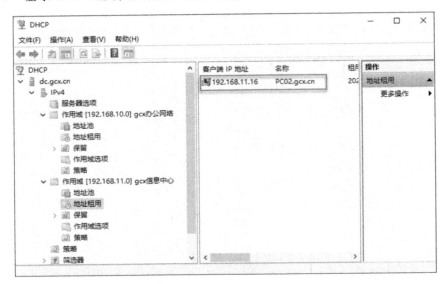

图 6-77

任务小结

DHCP 客户使用 IP 广播来寻找同一网段上的 DHCP 服务器,当服务器和客户端处在不同网段,即被路由器分割开来时,路由器是不会转发这样的广播包的。因此可能需要在每个网段上设置一个 DHCP 服务器。但是需要通过增加一个 DHCP 中继代理服务器使得一个 DHCP 服务器同时为多个网段提供 IP 地址自动分配。

项目 7 部署企业 DNS 服务器

GCX 公司总部位于 A 地,子公司位于 B 地。GCX 公司总部和子公司都已完成网络组建,通过 IP 地址实现了互联互通。基于企业信息化办公与业务处理的需求,公司购置了几台服务器,用于部署公司信息化系统。但对于公司员工来说,如果经常使用 IP 地址访问公司业务网站处理业务,非常不便。

在企业网络中,一般根据企业的地理位置和服务器的功能,部署不同类型的 DNS 服务器来解决域名解析问题。基于此,公司网络信息运维部针对公司的网络拓扑和服务器部署情况,做了一份域名系统(Domain Name System,DNS)规划方案,内容如下(假定公司总部域名为 gcx. cn)。

(1)DNS 服务器的部署。

主 DNS 服务器部署在 A 地,负责公司 gcx. cn 域名的管理和总部计算机的域名解析,同时部署一个辅助 DNS 服务器,为公司计算机的域名解析提供容错;在 B 地的子公司部署一个委派 DNS 服务器 DNS3,负责子域 sh. gcx. cn 域名的管理。

(2)公司域名规划。

分别确定主 DNS 服务器、辅助 DNS 服务器、委派 DNS 服务器(本项目不涉及网络互联 VPN,故设定委派 DNS 服务器的 IP 和主 DNS 服务器 IP 地址为同一网段)、Web 应用服务器、子公司应用服务器的服务器角色、名称、IP 地址、域名等项目之间的映射关系,如表 7-1 所示。

表 7-1 域名规划表

服务器角色	服务器名称	IP 地址	域名	部署地点
主 DNS 服务器	DNS1	192. 168. 10. 1/24	DNS1. gcx. cn	总部
辅助 DNS 服务器	DNS2	192. 168. 10. 2/24	DNS2. gcx. cn	总部
委派 DNS 服务器	DNS3	192. 168. 10. 3/24	sh. gcx. cn	子公司
Web 应用服务器	WEBA	192. 168. 10. 251/24	web. gcx. cn	总部
子公司应用服务器	WEBB	192. 168. 10. 252/24	web. sh. gcx. cn	子公司

本项目可以通过以下任务来完成。

(1)总部主 DNS 服务器的部署:在公司总部部署主 DNS 服务器。

(2)辅助 DNS 服务器的部署:在公司总部部署辅助 DNS 服务器,提供容错。

(3)子公司委派 DNS 服务器的部署:在 B 地的子公司部署委派 DNS 服务器。

◆ **项目目标**

(1)了解 DNS 的概念;

(2)理解 DNS 域名解析的过程;

(3)理解主 DNS、辅助 DNS、委派 DNS 等服务器的概念与应用;

(4)掌握多区域企业组织架构下 DNS 服务器的部署。

◆ **相关知识**

1. 什么是 DNS

首先思考一个问题:互联网中客户端机器访问企业网站,为什么需要使用名称? 直接使用 IP 访问不行吗?

为回答上述问题,需要了解网络通信的本质。在 TCP/IP 网络中,计算机之间是通过 IP 地址进行网络通信的。然而,IP 地址是一些数字的组合,对于普通用户来说,记忆和使用都非常不方便。

为解决该问题,需要为用户提供一种友好且方便记忆和使用的名称,还要能够将该名称转换为 IP 地址以实现网络通信。DNS 就是这样一套用简单易记的名称映射 IP 地址的解决方案。

2. DNS 域名空间

整个 DNS 架构就是如图 7-1 所示的分层式树状结构,这个树状结构被称为 DNS 域名空间(DNS Domain Namespace)。

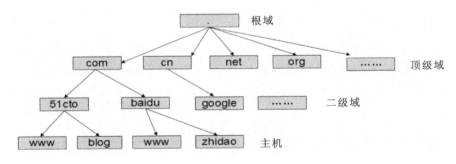

图 7-1

图 7-1 中位于树状结构最上层的是 DNS 域名空间的根(root),通常用句点(.)来表示,根内部署多台 DNS 服务器,分别由不同机构负责管理。根之下为顶级域(top-level domain),每一个顶级域内都有多台 DNS 服务器。顶级域主要用来对组织进行分类。表 7-2 为常用顶级域名。

表 7-2　常用顶级域名

顶级域名	说明
.com	通用顶级域名,适用于商业机构
.net	通用顶级域名,适用于网络服务机构

续表

顶级域名	说明
.org	通用顶级域名,适用于非营利组织
.edu	国家和地区顶级域名,适用于教育、学术研究机构
.gov	国家和地区顶级域名,适用于政府单位
.mil	国家和地区顶级域名,适用于国防军事单位
.cn	国家和地区顶级域名,表示中国

顶级域之下为二级域(second-level domain),它是供公司或组织申请与使用的,例如microsoft.com是由Microsoft公司申请的域名。如果要在Internet上使用该域名,必须事先申请。

公司可以在其所申请的二级域之下,再细分多层的子域(subdomain),例如在sayms.com之下为业务部sales建立一个子域,其域名为sales.sayms.com,此子域的域名最后需附加其父域的域名(sayms.com),也就是说域的名称空间是有连续性的。

图7-1中的主机www与zhidao是baidu公司内的主机,它们的完整名称分别是www.baidu.com与zhidao.baidu.com,此完整名称被称为完全限定域名(Fully Qualified Domain Name,FQDN),其中www.baidu.com字符串前面的www以及zhidao.baidu.com字符串前面的zhidao就是这些主机的主机名(hostname)。

3. DNS 区域

DNS区域是域名空间树状结构的一部分,通过它将域名空间分割为容易管理的小区域。这个DNS区域内的主机数据,被存储在DNS服务器内的区域文件(zone file)或Active Directory数据库内。一台DNS服务器内可以存储一个或多个区域的数据,同时一个区域的数据也可以被存储到多台DNS服务器内。区域文件内的数据被称为资源记录(Resource Record,RR)。

4. DNS 服务器

DNS服务器内存储着域名空间的部分区域记录。一台DNS服务器可以存储一个或多个区域的记录,也就是说,此服务器所负责管辖的范围可以涵盖域名空间内一个或多个区域,此时这台服务器被称为这些区域的授权服务器。常见的DNS服务器包括主DNS服务器、辅助DNS服务器和委派DNS服务器等。

(1)主DNS服务器:当在一台DNS服务器上建立一个区域后,如果可以直接在此区域内新建、删除与修改记录的话,那么这台服务器就被称为此区域的主DNS服务器。这台服务器内存储着此区域的正本数据(master copy)。

(2)辅助DNS服务器:当在一台DNS服务器内建立一个区域后,如果这个区域内的所有记录都是从另外一台DNS服务器复制过来的,也就是说它存储的是副本记录,这些记录是无法修改的,此时这台服务器被称为该区域的辅助DNS服务器。将区域内的资源记录从主DNS服务器复制到辅助DNS服务器的操作被称为区域传送。

可以为一个区域设置多台辅助DNS服务器,这种做法具有以下优点。

①提供容错能力:若其中有 DNS 服务器故障的话,仍然可由另一台 DNS 服务器继续提供服务。

②负载均衡:多台 DNS 服务器共同对客户端提供服务,可以分散服务器的负担。

③加快查询的速度:例如可以在异地分公司安装辅助 DNS 服务器,让分公司的 DNS 客户端直接向此服务器查询,不需要向总公司的主 DNS 服务器查询,以加快查询速度。

(3)委派 DNS 服务器:一个完整的 DNS 区域包含以自己的 DNS 域名为基础命名空间的所有 DNS 命名空间的信息,基于此 DNS 命名空间新建一个 DNS 区域时,新建的区域称为子域。默认情况下,DNS 区域管理自己的子域,并且子域伴随 DNS 区域一起进行复制和更新。但是,用户可以将子域委派给其他 DNS 服务器进行管理,此时接受委托的 DNS 服务器即被称为委派 DNS 服务器。委派 DNS 服务器将承担子域的管理,而父区域只具有此子域的委派记录。

常见的场景有:

①将某个子域委派给某个对应部门中的 DNS 服务器进行管理。

②实现 DNS 服务器的负载均衡,将一个大区域划分为若干小区域,委派给不同的 DNS 服务器进行管理。

③将子域委派给某个分部或远程站点。

DNS 主域、DNS 子域、委派 DNS 服务器的关系如图 7-2 所示。

DNS服务器gcx.cn　　　委派DNS服务器　　　　DNS客户端
已创建DNS子域dns3.gcx.cn　dns3.gcx.cn

图 7-2

5. DNS 的查询模式

DNS 客户端向 DNS 服务器提出查询请求后,DNS 服务器做出响应的过程称为域名解析。正向解析是当 DNS 客户端向 DNS 服务器提交域名查询 IP 地址,或一台 DNS 服务器向另一台 DNS 服务器(提出查询的 DNS 服务器相对而言也是 DNS 客户端)提交域名查询 IP 地址时,DNS 服务器做出响应的过程。反过来,DNS 客户端向 DNS 服务器提交 IP 地址查询主机名,DNS 服务器做出响应的过程则称为反向解析。

根据 DNS 服务器对 DNS 客户端的不同响应方式,域名解析可分为两种类型:递归查询和迭代查询。

(1)递归查询。

递归查询发生在客户端向 DNS 服务器发出解析请求时,如果 DNS 服务器内没有所需的记录,则此服务器会替代客户端向其他 DNS 服务器查询,并将解析结果反馈给客户端。

(2)迭代查询。

迭代查询通常在一台 DNS 服务器向另一台 DNS 服务器发出解析请求时使用。发起查询 DNS 服务器向某台 DNS 服务器发出解析请求,如果此台 DNS 服务器未能在本地查询到请求的数据,则此台 DNS 服务器将另一台 DNS 服务器的 IP 地址告知发起查询 DNS 服务器;然后由发起查询 DNS 服务器自行向另一台 DNS 服务器发起查询；以此类推，直到查询到所需数据为止。

迭代是指，若在某 DNS 服务器查不到，该服务器就会告知查询者其他 DNS 服务器的地址，让其他服务器去查。

以图 7-3 的 DNS 客户端查询 www.baidu.com 的 IP 地址为例说明查询过程（注意图中的数字顺序）。

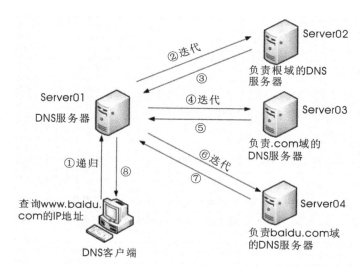

图 7-3

①DNS 客户端向服务器 Server01 查询 www.baidu.com 的 IP 地址（递归查询）。

②如果 Server01 内没有此主机记录，Server01 会将此查询请求转发到根内的 DNS 服务器 Server02（迭代查询）。

③Server02 根据主机名 www.baidu.com 得知此主机位于顶级域.com 之下，会将负责管辖.com 的 DNS 服务器 Server03 的 IP 地址发送给 Server01。

④Server01 得到 Server03 的 IP 地址后，会向 Server03 查询 www.baidu.com 的 IP 地址（迭代查询）。

⑤Server03 根据主机名 www.baidu.com 得知它位于 baidu.com 域内，会将负责管辖 baidu.com 的 DNS 服务器 Server04 的 IP 地址发送给 Server01。

⑥Server01 得到 Server04 的 IP 地址后，会向 Server04 查询 www.baidu.com 的 IP 地址（迭代查询）。

⑦管辖 baidu.com 的 DNS 服务器 Server04 将 www.baidu.com 的 IP 地址发送给 Server01。

⑧Server01 再将此 IP 地址发送给 DNS 客户端。

任务 1 配置主 DNS 服务器

任务场景

在服务器 DNS1 上安装服务组件 DNS 服务器,创建正向查找区域与反向查找区域,同时根据业务需要创建资源记录。

任务实施

1. 配置服务器 TCP/IP 参数

本任务基于独立服务器完成,根据表 7-1 的说明,将 DNS 服务器的名称设为 DNS1,IP 地址为 192.168.10.1,DNS 地址为 127.0.0.1。

2. 添加 DNS 服务器的角色与功能

步骤 1 在【服务器管理器】窗口的【仪表板】中单击【添加角色和功能】链接。在打开的【添加角色和功能向导】窗口中保持默认设置,单击【下一步(N)>】按钮,直到进入【选择服务器角色】界面(图 7-4)。勾选【DNS 服务器】复选框,并在弹出的【添加角色和功能向导】对话框中单击【添加功能】按钮,然后返回【选择服务器角色】界面,单击【下一步(N)>】按钮。

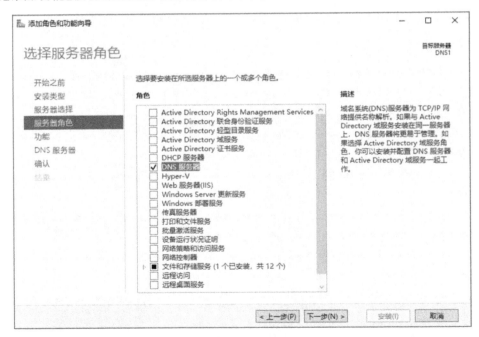

图 7-4

步骤 2 在【添加角色和功能向导】窗口中保持默认设置,持续单击【下一步(N)>】按钮,最后单击【安装(I)】按钮(图 7-5),完成 DNS 服务器组件的安装。

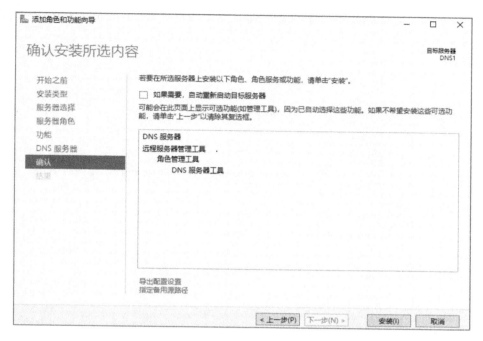

图 7-5

3. 配置 DNS 服务器

（1）创建正向查找区域 gcx.cn。

根据任务规划，管理员需要实现域名到 IP 地址的映射，因此需要在 DNS 服务器上创建正向解析区域 gcx.cn。

步骤 1　打开【服务器管理器】窗口，在【工具（T）】下拉菜单中选择【DNS】选项，打开【DNS管理器】窗口（图 7-6）。

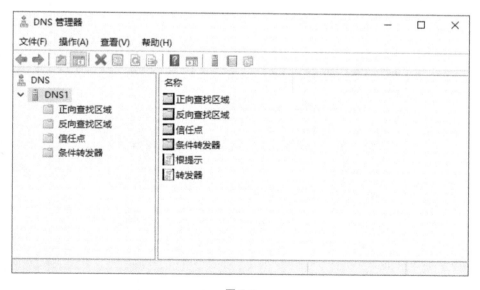

图 7-6

步骤 2　在【DNS 管理器】窗口左侧的控制台树中右键单击【正向查找区域】选项,在快捷菜单中选择【新建区域(Z)...】命令,打开【新建区域向导】对话框,然后单击【下一步(N)>】按钮(图 7-7)。

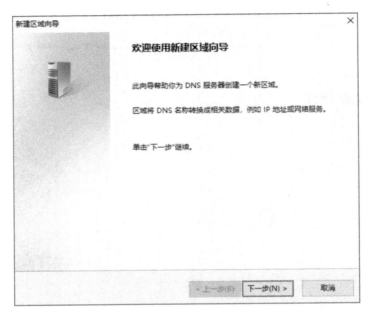

图 7-7

步骤 3　在【区域类型】界面中,网络管理员可根据需要选择 DNS 区域的类型。本任务需要创建一个 DNS 主要区域用于管理 network.com 的域名,因此这里选中【主要区域(P)】单选按钮,然后单击【下一步(N)>】按钮(图 7-8)。

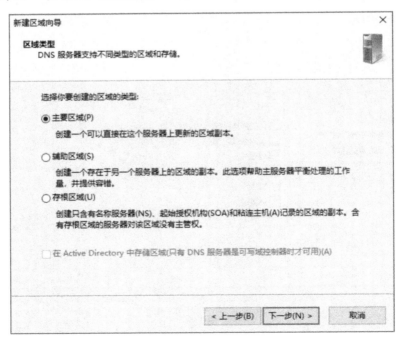

图 7-8

步骤4　在【新建区域向导】对话框的【区域名称】界面中，网络管理员可以输入要创建的DNS区域名称，该区域名称通常为申请单位的根域，即单位向 ISP 申请到的域名名称。在本任务中，公司根域为 gcx.cn，因此，在【区域名称(Z)：】文本框中输入"gcx.cn"(图 7-9)，单击【下一步(N)＞】按钮。

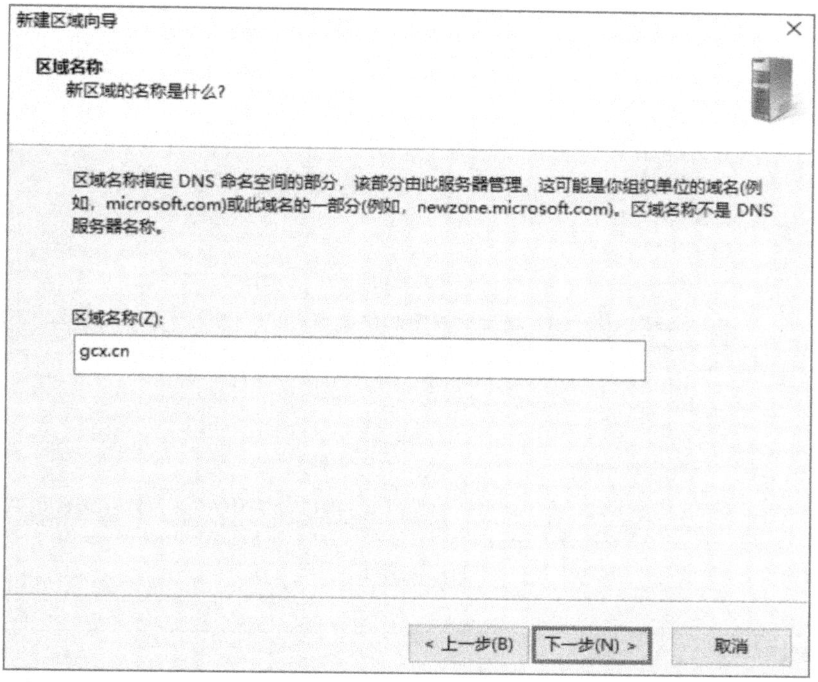

新建区域向导

区域名称
新区域的名称是什么？

区域名称指定 DNS 命名空间的部分，该部分由此服务器管理。这可能是你组织单位的域名(例如，microsoft.com)或此域名的一部分(例如，newzone.microsoft.com)。区域名称不是 DNS 服务器名称。

区域名称(Z)：

gcx.cn

< 上一步(B)　　下一步(N) >　　取消

图 7-9

步骤5　进入【区域文件】界面。在 DNS 服务器中，每一个区域都会对应一个文件，区域文件名使用默认的文件名，即默认配置的 gcx.cn.dns，单击【下一步(N)＞】按钮(图 7-10)。

步骤6　进入【动态更新】界面。DNS 服务器允许基于客户端域名(A 记录)IP 地址的变化，动态更新域名映射的 IP 地址，此设置常应用于 DNS 和 DHCP 服务器的集成。在本任务中，公司并没有动态更新需求，这里选择默认选项【不允许动态更新(D)】，然后单击【下一步(N)＞】按钮，完成 gcx.cn 区域的创建(图 7-11)，再单击【完成】按钮(图 7-12)。

(2)创建反向查找区域。

通过 IP 地址查询主机名的过程被称为反向查找，而反向查找区域可以实现 DNS 客户端利用 IP 地址来查询其主机名的功能。创建反向查找区域的步骤如下。

步骤1　在【DNS 管理器】窗口中，展开【DNS】→【DNS1】选项，鼠标右键单击【反向查找区域】选项，在弹出的快捷菜单中选择【新建区域(Z)...】命令(图 7-13)。

步骤2　打开【新建区域向导】对话框，在【欢迎使用新建区域向导】界面(图 7-14)中，单击【下一步(N)＞】按钮。

步骤3　在【区域类型】界面(图 7-15)中，选中【主要区域(P)】单选按钮(默认)，单击【下一步(N)＞】按钮。

步骤4　在【反向查找区域名称】界面(图 7-16)中，选中【IPv4 反向查找区域(4)】单选按钮，单击【下一步(N)＞】按钮。

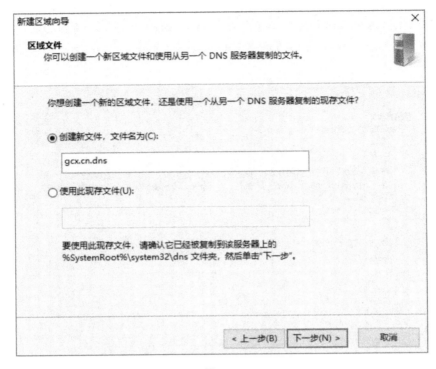

图 7-10

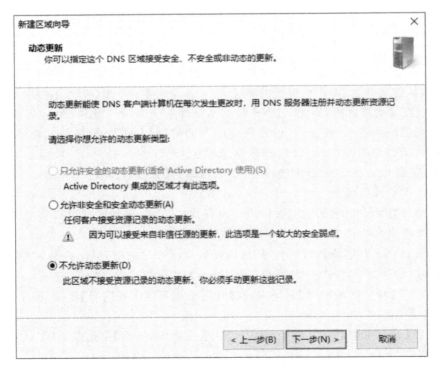

图 7-11

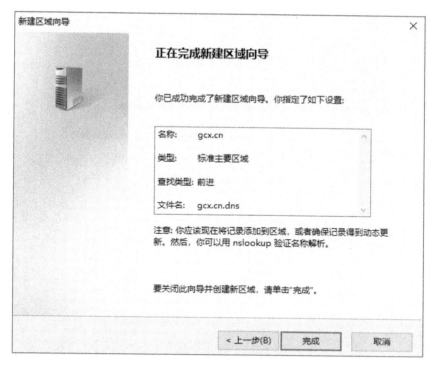

图 7-12

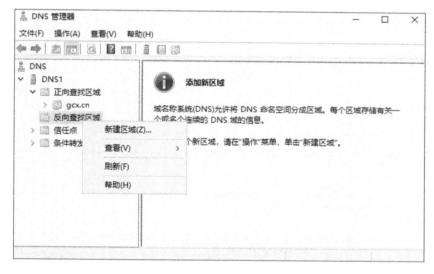

图 7-13

步骤 5 在【反向查找区域名称】界面中,输入反向查找区域的网络 ID,由于本任务要为 192.168.10.0/24 网段创建反向查找区域,因此在【网络 ID(E):】文本框中输入"192.168. 10.",单击【下一步(N)>】按钮。注意:在【网络 ID(E):】文本框中以正常的网络 ID 顺序填写,输入完成后,下方的【反向查找区域名称(V):】文本框中将显示"10.168.192.in-addr.ar-pa"(图 7-17)。

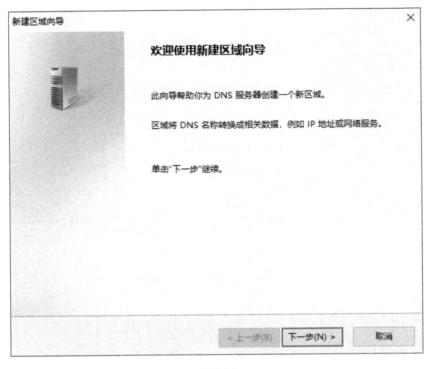

图 7-14

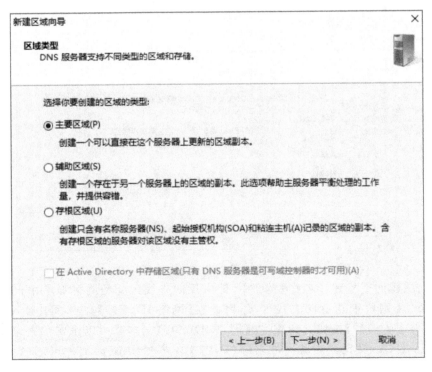

图 7-15

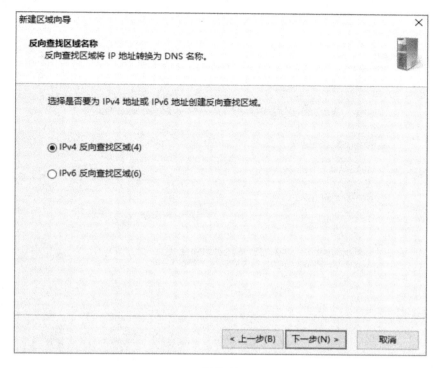

图 7-16

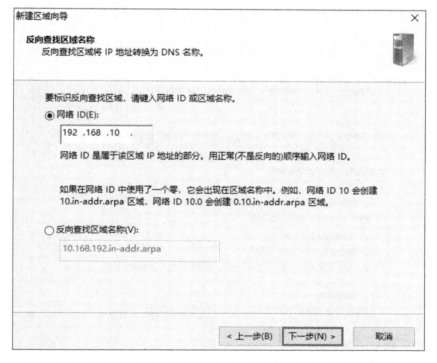

图 7-17

步骤6　在【区域文件】界面(图 7-18)中,默认创建新文件,单击【下一步(N)＞】按钮。

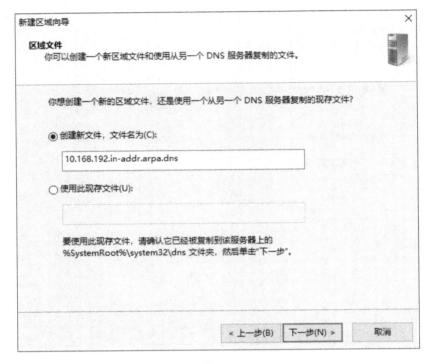

图 7-18

步骤7　在【动态更新】界面中,选中【不允许动态更新(D)】单选按钮(图 7-19),单击【下一步(N)＞】按钮。

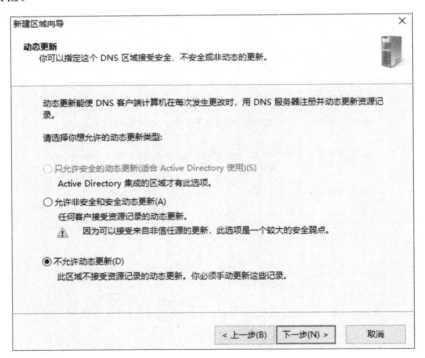

图 7-19

步骤 8 在【正在完成新建区域向导】界面中,单击【完成】按钮(图 7-20)。

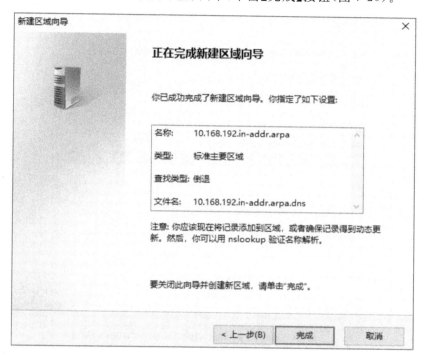

图 7-20

步骤 9 返回【DNS 管理器】窗口,在列表框中可以看到创建完成的反向查找区域 10.168.192.in-addr.arpa 及其自动生成的记录(图 7-21)。

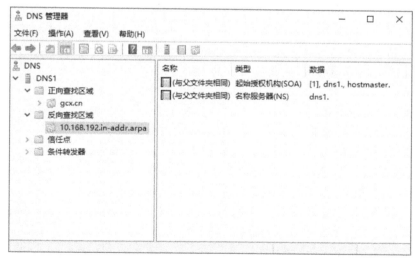

图 7-21

(3)配置根域信息。

创建完 gcx.cn 主要区域后,需要对该区域进行配置,首先添加根域记录。

步骤 1 在【DNS 管理器】界面的正向查找区域列表下的 gcx.cn 选项上单击鼠标右键,在弹出的快捷菜单中选择【属性】命令,在弹出的【gcx.cn 属性】界面中选择【名称服务器】选项卡,单击【添加(D)...】按钮添加根域记录(图7-22)。

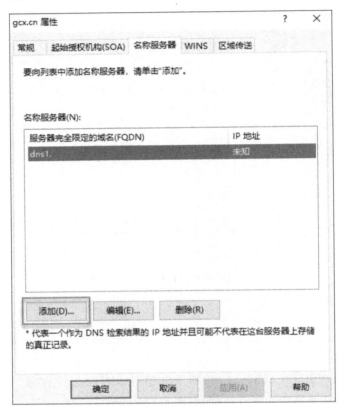

图 7-22

步骤2 在弹出的【新建名称服务器记录】窗口中的【服务器完全限定的域名(FQDN)(S):】文本框中输入根域"gcx.cn",在下方的栏中输入对应的IP地址"192.168.10.1",系统自动验证成功后,单击【确定】按钮,完成根域信息的配置(图7-23)。

(4)注册域名记录。

DNS主要区域允许管理员注册多种类型的资源记录,常见资源记录如下。

①主机(A)资源记录:新建一个域名到IP地址的映射。

②别名(CNAME)资源记录:新建一个域名映射到另一个域名。

③邮件交换器(MX)资源记录:和邮件服务器配套使用,用于指定邮件服务器的地址。

在本任务中,根据表7-1为两台服务器注册域名,具体步骤如下。

步骤1 注册Web服务器的域名。在【DNS管理器】界面的【正向查找区域】选项下,右击【gcx.cn】选项,在弹出的快捷菜单中选择【新建主机(A或AAAA)(S)...】命令(图7-24)。

步骤2 在弹出的【新建主机】对话框中,输入Web服务器的名称"web"(完全限定的域名就是"web.gcx.cn."),输入对应的IP地址"192.168.10.251"(图7-25),然后单击【添加主机(H)】按钮,完成Web服务器域名的注册。

步骤3 注册DNS服务器的域名。过程操作与上一步类似,在【新建主机】对话框中,输入DNS服务器的名称"DNS1",输入对应的IP地址"192.168.10.1",最后单击【添加主机(H)】按钮,完成DNS服务器域名的注册(图7-26)。

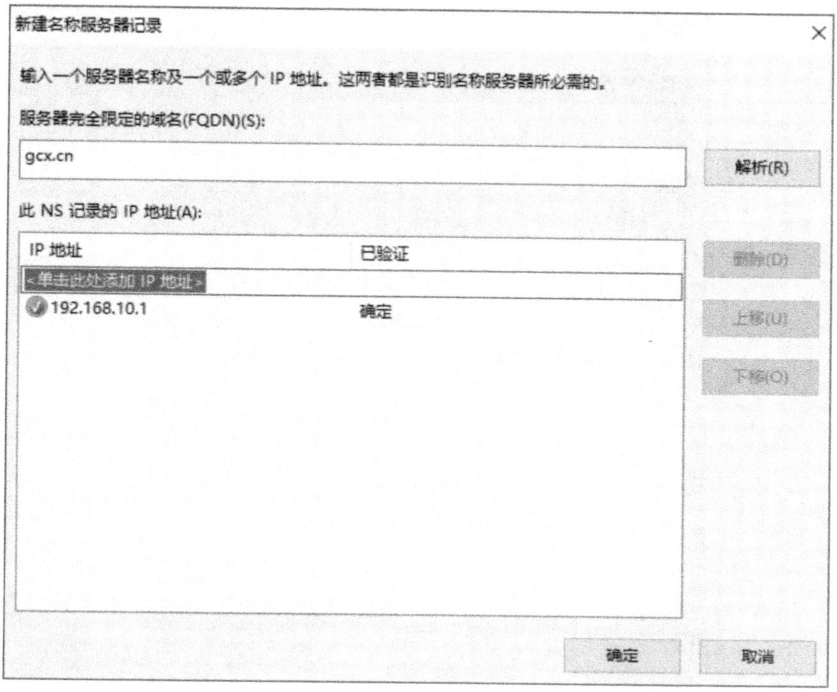

新建名称服务器记录

输入一个服务器名称及一个或多个 IP 地址。这两者都是识别名称服务器所必需的。

服务器完全限定的域名(FQDN)(S):

| gcx.cn | 解析(R) |

此 NS 记录的 IP 地址(A):

IP 地址	已验证
«单击此处添加 IP 地址»	
192.168.10.1	确定

删除(D)

上移(U)

下移(O)

确定　　取消

图 7-23

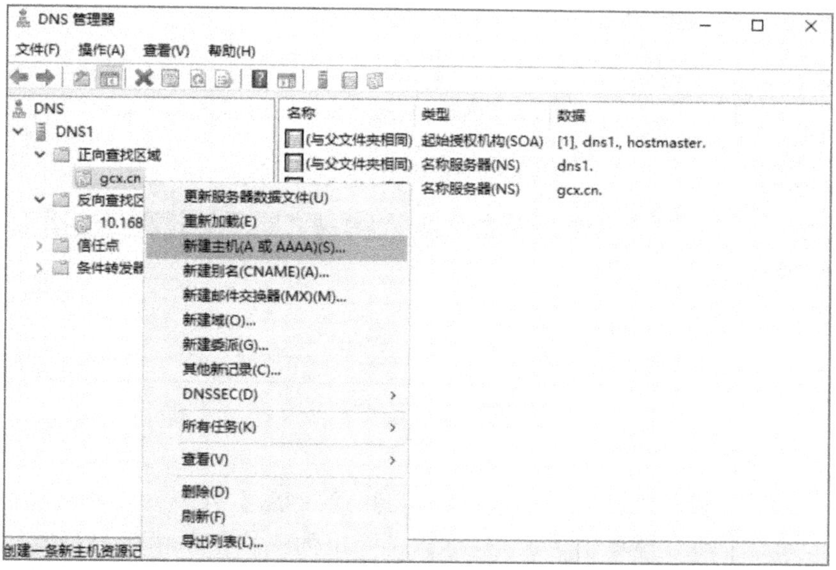

DNS 管理器

文件(F)　操作(A)　查看(V)　帮助(H)

名称	类型	数据
(与父文件夹相同)	起始授权机构(SOA)	[1], dns1., hostmaster.
(与父文件夹相同)	名称服务器(NS)	dns1.
	名称服务器(NS)	gcx.cn.

DNS
∨ DNS1
　∨ 正向查找区域
　　gcx.cn
　∨ 反向查找区
　　10.168
　信任点
　条件转发器

更新服务器数据文件(U)
重新加载(E)
新建主机(A 或 AAAA)(S)...
新建别名(CNAME)(A)...
新建邮件交换器(MX)(M)...
新建域(O)...
新建委派(G)...
其他新记录(C)...
DNSSEC(D)　　　　　›
所有任务(K)　　　　　›
查看(V)　　　　　　　›
删除(D)
刷新(F)
导出列表(L)...

创建一条新主机资源记

图 7-24

图 7-25

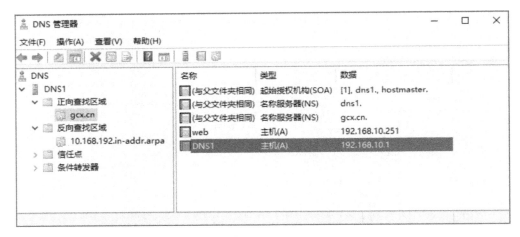

图 7-26

（5）新建指针记录。

步骤1　在【DNS 管理器】界面中，选择【DNS】→【DNS1】→【反向查找区域】→【10.168.192.in-addr.arpa】选项，右键单击选区空白处，在弹出的快捷菜单中选择【新建指针（PTR）(P)...】命令（图 7-27）。

步骤2　在【新建资源记录】界面中，输入指定的主机 IP 地址，并采用直接输入或单击【浏览(B)...】按钮的方式选择其对应的主机名（完全限定的域名），本任务分别指定为"192.168.10.251"和"web.gcx.cn"（图 7-28）。

步骤3　返回【DNS 管理器】窗口，可以看到已创建完成的指针记录（图 7-29）。

图 7-27

图 7-28

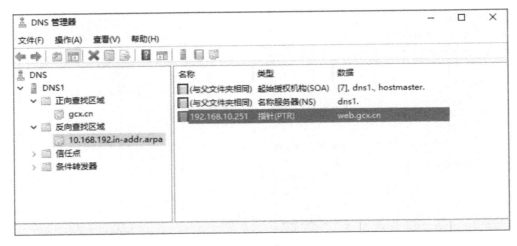

图 7-29

（6）更新主机记录产生的指针记录。

除了可以采用新建的方式，还可以在创建反向查找区域后，通过更新主机记录的方式产生指针记录。下面以生成 DNS1 所对应的指针记录为例。

步骤 1　右键单击正向查找区域【gcx.cn】中的主机记录【DNS1】，在弹出的快捷菜单中选择【属性（R）】命令（图 7-30）。

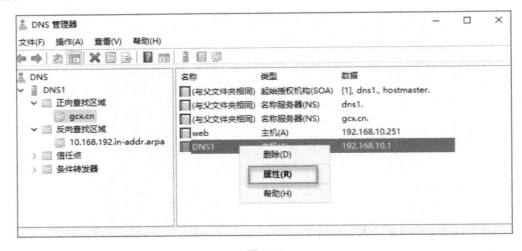

图 7-30

步骤 2　在【DNS1 属性】对话框中，勾选【更新相关的指针（PTR）记录（U）】复选框，单击【确定】按钮（图 7-31）。

步骤 3　返回【DNS 管理器】窗口，单击【10.168.192.in-addr.arpa】选项，即可在右侧选区中看到 DNS1 主机对应的指针记录（图 7-32）。

步骤 4　使用相同步骤配置 Web 服务器的指针记录。

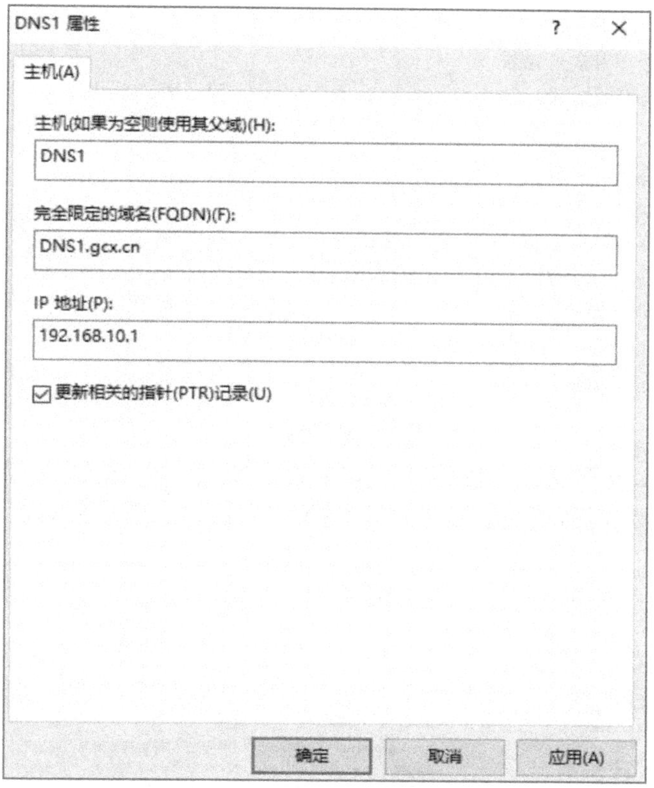

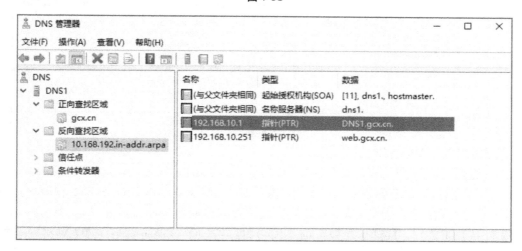

图 7-31

图 7-32

4.任务验证

(1)测试 DNS 服务是否安装成功。

步骤 1　如果 DNS 服务安装成功,在"C\Windows\System32"目录下会自动创建一个名为 dns 的文件夹(图 7-33)。

图 7-33

步骤 2　DNS 服务器成功安装后,会自动启动 DNS 服务。在【服务器管理器】窗口的【工具(T)】下拉菜单中选择【服务】选项,在打开的【服务】窗口中,可以看到已经启动的 DNS 服务(图 7-34)。

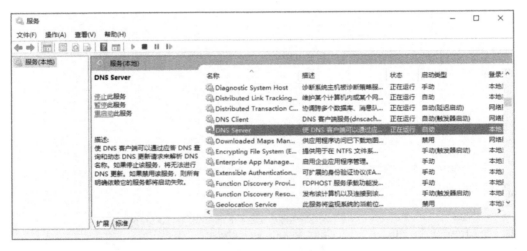

图 7-34

(2)测试 DNS 解析功能。

DNS 配置好后,对 DNS 解析的测试通常通过 ping、nslookup、ipconfig /displaydns 等命令进行。客户端计算机要实现域名解析,需要在 TCP/IP 配置中指定 DNS 服务器的地址。

步骤 1　任意选择一台客户机,打开客户机以太网适配器属性对话框,然后双击【Internet 协议版本 4(TCP/IPv4)】选项,在弹出的界面中将【首选 DNS 服务器(P):】位置指向总部的 DNS 服务器地址"192.168.10.1"(图 7-35)。

步骤 2　在客户机上打开命令提示符窗口,执行 ping dns1. gcx. cn 命令,测试域名是否能正常解析,命令返回结果如图 7-36 所示,域名 dns1. gcx. cn 已经正确解析为 IP 地址 192.168. 10.1。

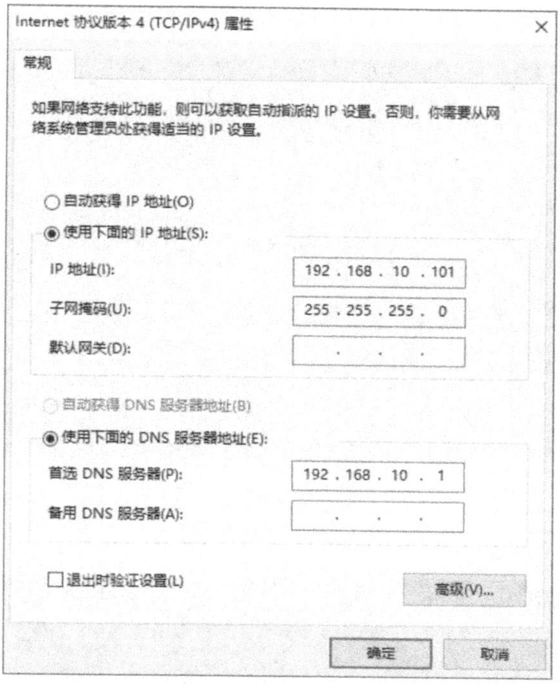

图 7-35

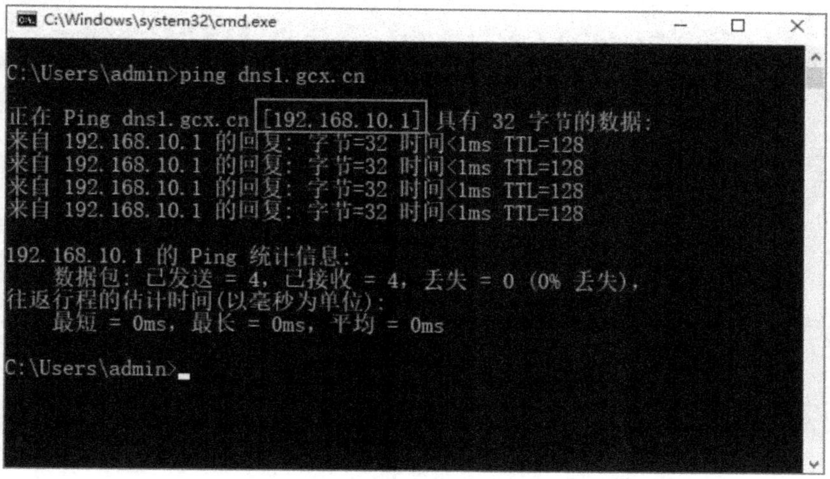

图 7-36

  步骤 3 nslookup 是一个专门用于 DNS 测试的命令,在命令提示符窗口中,执行 nslookup web. gcx. cn 命令,命令返回结果如图 7-37 所示,可以看出,DNS 服务器解析 web. gcx. cn 对应的 IP 地址为 192.168.10.251。

  步骤 4 客户机向域名服务器请求域名解析后,会将域名解析的结果存储在本地缓存中,以便下次解析相同域名时不用再向域名服务器请求解析。执行 ipconfig /displaydns 命令,可以查看客户机已学习到的 DNS 缓存记录,命令返回结果如图 7-38 所示。

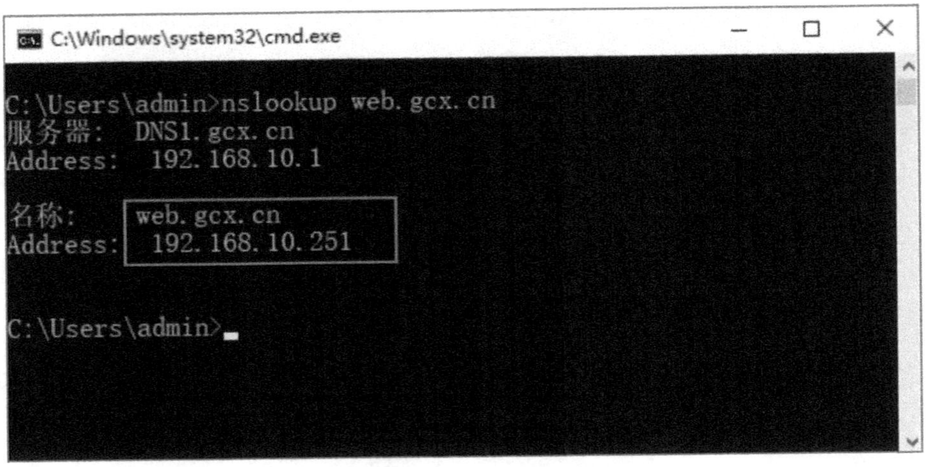

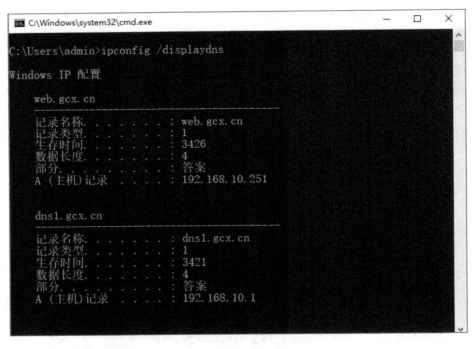

图 7-37

图 7-38

任务小结

(1)客户端计算机需要使用 DNS 服务时,需要在本地连接设置中配置首选 DNS 服务器地址。

(2)测试时可以使用 nslookup 专用工具。

任务2 配置辅助DNS服务器

辅助DNS服务器是DNS服务器的一种容错机制,当主DNS服务器遇到故障不能正常运作时,辅助DNS服务器可以立刻分担主DNS服务器的工作,提供解析服务。而且,辅助DNS服务器也可用于公司分部的域名解析服务,为主DNS服务器提供负载均衡。辅助DNS服务器的查找区域及资源记录是从主DNS服务器复制过来的。

任务场景

随着GCX公司规模扩大,上网人数增加,公司主DNS服务器负荷过重。为防止单点故障以及为分公司计算机提供域名解析,需要增加一台DNS服务器作为辅助DNS服务器,实现主DNS服务器的负载均衡和冗余备份。即使主DNS服务器出现故障,也不影响公司计算机通过域名访问内网资源。

任务实施

在GCX公司DNS2服务器上创建gcx.cn的辅助DNS服务器。具体操作步骤如下。

1. 在服务器DNS2上添加DNS服务器角色

操作步骤参考本项目任务1。

2. 在辅助区域服务器上新建辅助区域

步骤1 在【DNS管理器】的控制台树中,鼠标右键单击【DNS2】选项,在弹出的快捷菜单(图7-39)中选择【新建区域(Z)...】命令以打开【新建区域向导】对话框。

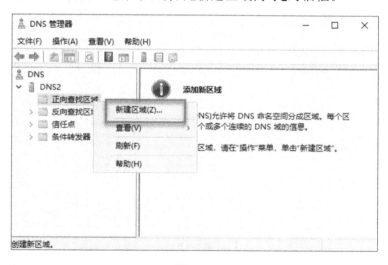

图7-39

步骤2 在【区域类型】界面中,选择【辅助区域(S)】单选按钮(图7-40),然后单击【下一步(N)>】按钮。

步骤3 在【区域名称】界面中,输入辅助区域的名称(辅助区域与主要区域的名称要一致):gcx.cn(图7-41),单击【下一步(N)>】按钮。

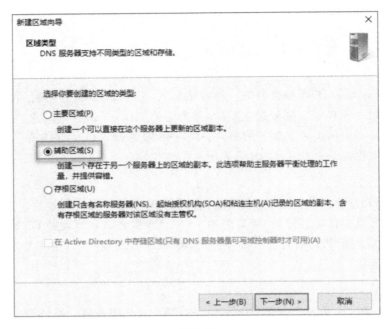

图 7-40

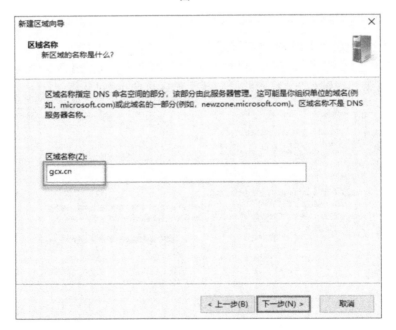

图 7-41

步骤 4　在【主 DNS 服务器】界面中,输入主服务器的 IP 地址"192.168.10.1"(图 7-42),单击【下一步(N)＞】按钮。

步骤 5　在【正在完成新建区域向导】界面(图 7-43)中单击【完成】按钮,完成辅助 DNS 服务器的创建。

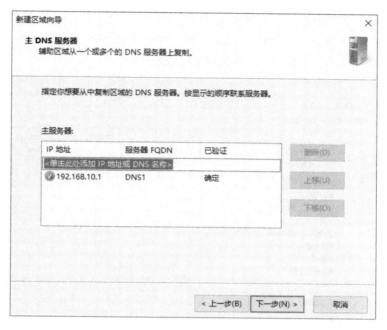

图 7-42

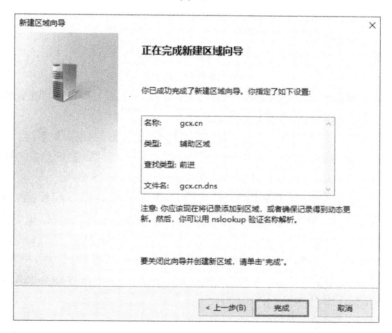

图 7-43

注意：经过上述步骤后，我们创建的辅助区域是无法进行区域数据复制的，即我们创建的辅助区域无法正常提供服务。造成这个问题的原因是，没有在主 DNS 服务器的相应区域允许辅助 DNS 服务器进行数据复制。

3.设置主DNS服务器,允许区域传输

步骤1 在主DNS服务器的【DNS管理器】窗口中,鼠标右键单击左侧控制台中的【gcx.cn】选项,在弹出的快捷菜单中选择【属性(R)】命令(图7-44)。

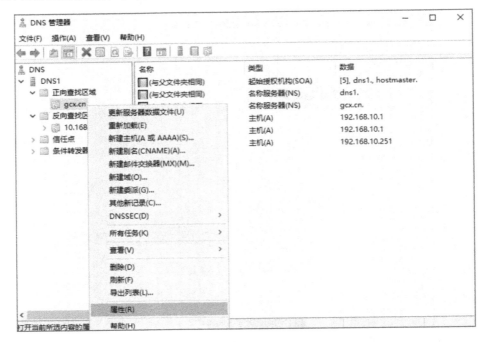

图 7-44

步骤2 在弹出的【gcx.cn属性】对话框中,选择【区域传送】选项卡,在【允许区域传送】选项组中,有3个单选项可以设置,它们的含义如下。

①【到所有服务器(T)】单选项:允许将本DNS的数据复制到任意服务器。

②【只有在"名称服务器"选项卡中列出的服务器(S)】单选项:要配合【名称服务器】选项卡使用,仅允许【名称服务器】选项卡中列出的服务器复制本DNS数据。

③【只允许到下列服务器(H)】单选项:要配合其下方的列表框一起使用,可以通过【编辑(E)】按钮将允许复制本DNS数据的DNS服务器的IP地址添加到列表框中。

这里,我们选择【到所有服务器(T)】单选项,单击【确定】按钮完成设置(图7-45)。

步骤3 回到辅助DNS服务器DNS2上,在【服务器管理器】窗口中,单击【工具(T)】→【DNS】,打开【DNS管理器】窗口,在正向查找区域上重新进行数据加载后,辅助DNS服务器成功复制了主DNS服务器的数据(图7-46)。

4.测试辅助DNS服务器

原则上,GCX子公司的计算机可以通过任意一个DNS服务器来解析域名,但为了缩短域名解析的响应时间,通常在为子公司的计算机部署DNS服务器时考虑以下因素来配置DNS服务器地址。

(1)依据就近原则,首选DNS指向最近的DNS服务器。

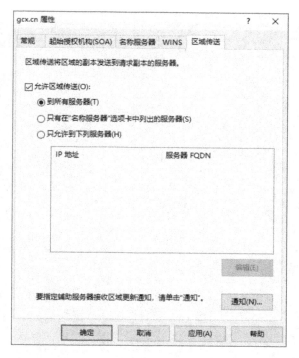

图 7-45

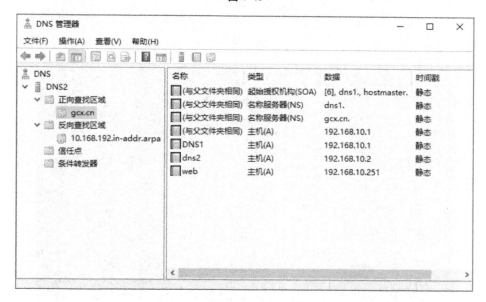

图 7-46

（2）依据备份原则，备选 DNS 指向企业的根域 DNS 服务器。

步骤 1   在 GCX 公司总部的客户机 PC01 测试域名解析结果。从中可以看出，总部的客户机 PC01 通过主 DNS 服务器正确解析了 web.gcx.cn 的域名（图 7-47）。

步骤 2   在 GCX 子公司的客户机 PC02 测试域名解析结果。从中可以看出，子公司的客户机 PC02 通过辅助 DNS 服务器正确解析了 web.gcx.cn 的域名（图 7-48）。

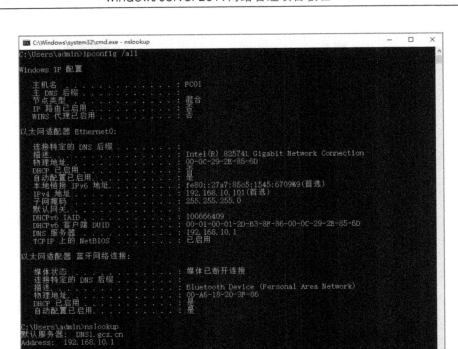

图 7-47

图 7-48

任务小结

（1）配置辅助 DNS 服务器时，需要在主 DNS 服务器中设置区域传送，允许辅助 DNS 服务器同步数据。

（2）为保障域名解析正常，除了部署主 DNS 服务器外，可以部署多台辅助 DNS 服务器，辅助 DNS 服务器不能管理资源记录，只能与主 DNS 服务器同步。

任务 3　配置委派 DNS 服务器

DNS 服务器可以将 DNS 子域的域名管理委托给委派 DNS 服务器管理，从而减少主 DNS 服务器的负担，并使子域域名的管理更加便捷。委派 DNS 服务器常用于子公司的应用场景。

任务场景

GCX 子公司有相对独立的运营项目，为更加便捷地管理自己的域名系统，要在子公司部署委派 DNS 服务器。可以通过以下步骤来完成。

（1）在子公司 DNS 服务器上创建主要区域 sh.gcx.cn。

（2）在主 DNS 服务器上创建委派区域 sh.gcx.cn。

（3）在子公司 DNS 服务器上创建资源记录。

（4）配置委派 DNS 服务器的转发器为主 DNS 服务器。

任务实施

1. 在子公司 DNS 服务器上创建主要区域 sh.gcx.cn

在子公司的 DNS 服务器上配置 DNS 服务角色与功能。参照本项目任务 1 完成主要区域 sh.gcx.cn 的创建，结果如图 7-49 所示。

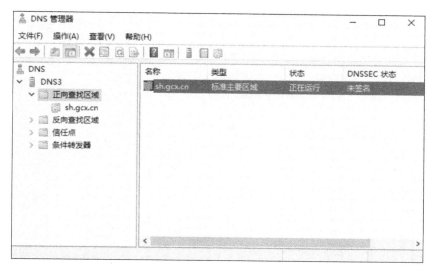

图 7-49

2. 在主 DNS 服务器上创建委派区域 sh.gcx.cn

步骤 1　在总部的 DNS 服务器中打开【DNS 管理器】窗口。在控制台树中,鼠标右键单击【gcx.cn】选项,在弹出的快捷菜单中选择【新建委派(G)...】命令(图 7-50)。

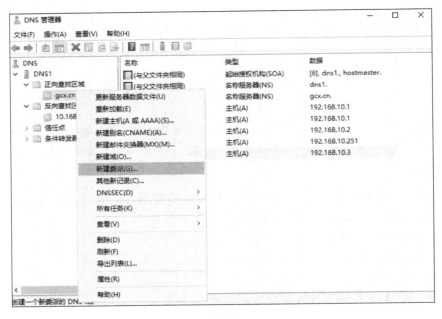

图 7-50

步骤 2　在【受委派域名】界面的【委派的域(D):】文本框中输入要委派的子域名称"sh",然后单击【下一步(N)>】按钮(图 7-51)。

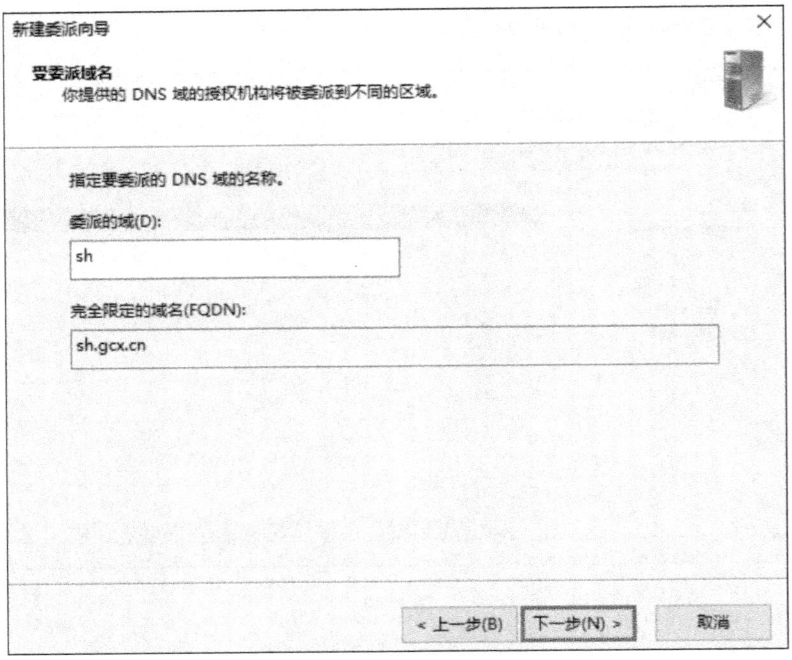

图 7-51

步骤3　在【新建委派向导】对话框中,单击【添加(A)...】按钮(图7-52),打开【新建名称服务器记录】对话框。

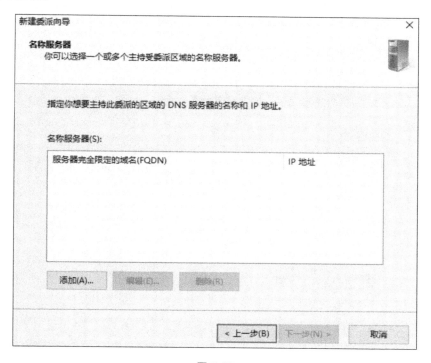

图 7-52

步骤4　在【新建名称服务器记录】对话框(图7-53)中输入子域的 FQDN"dns3"和 IP 地址"192.168.10.3",完成委派 DNS 服务器的设置,并单击【确定】按钮。

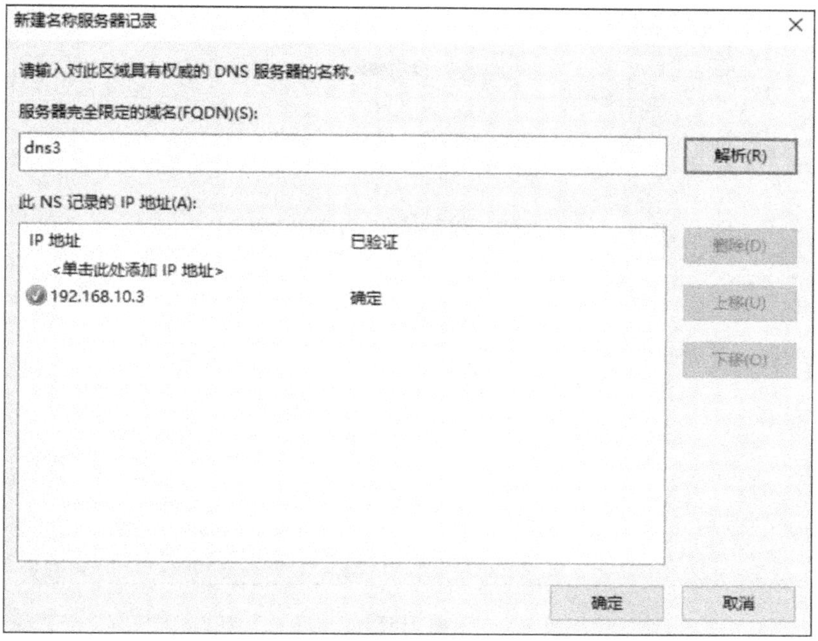

图 7-53

步骤5 回到【新建委派向导】对话框,单击【下一步(N)＞】按钮(图7-54),在【正在完成新建委派向导】界面单击【完成】按钮(图7-55),完成DNS子域的委派。

图 7-54

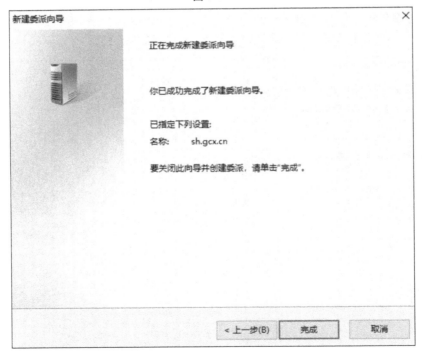

图 7-55

3. 在子公司 DNS 服务器上创建资源记录

添加文件服务器和委派 DNS 服务器的主机记录。添加 Web 应用服务器的主机记录,域名为 web. sh. gcx. cn,添加委派 DNS 服务器的主机记录,域名为 dns3. sh. gcx. cn,添加完成后如图 7-56所示。

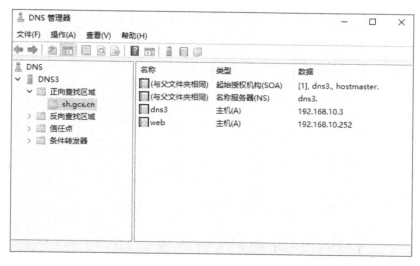

图 7-56

4. 配置委派 DNS 服务器的转发器为主 DNS 服务器

为确保委派 DNS 也能正常解析全域的 DNS 记录,需要配置委派 DNS 服务器的转发器指向公司的主 DNS 服务器。

步骤 1　在子公司的【DNS 管理器】窗口的控制台树中,鼠标右键单击【DNS3】选项,在弹出的快捷菜单中选择【属性(R)】命令(图 7-57)。

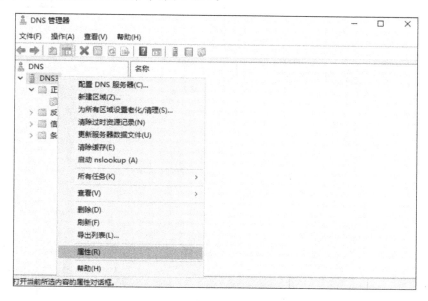

图 7-57

215

步骤 2 在弹出的【DNS3 属性】对话框的【转发器】选项卡中单击【编辑（E）...】按钮（图 7-58）。

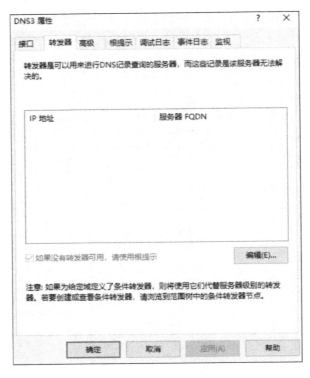

图 7-58

步骤 3 在打开的【编辑转发器】对话框中，输入主 DNS 服务器的 IP 地址"192.168.10.1"，验证成功后，单击【确定】按钮（图 7-59），完成委派 DNS 服务器的转发器配置（图 7-60）。

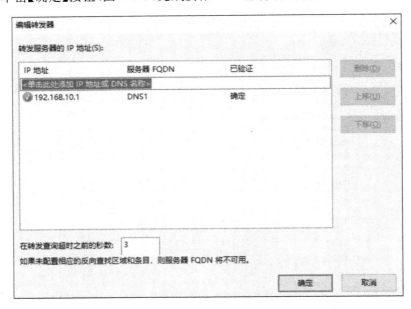

图 7-59

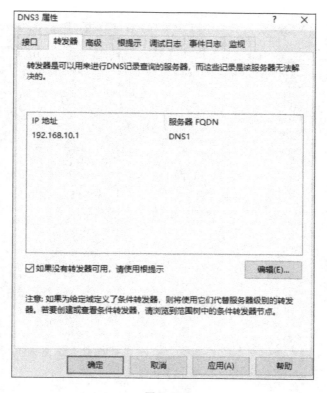

图 7-60

5. 测试委派 DNS 服务器

在 GCX 公司总部的客户机 PC01 测试域名解析结果。从中可以看出,总部的客户机 PC01 通过主 DNS 服务器正确解析了子域 web.sh.gcx.cn 的域名(图 7-61)。

任务小结

(1)DNS 服务器的委派有助于提高域名解析的效率和可靠性。通过将解析请求委派给分布在不同地理位置的 DNS 服务器,可以降低单个 DNS 服务器的负载压力,提供更快的响应时间。此外,委派还可以实现备份和冗余,以确保即使某些 DNS 服务器发生故障,仍然可以获得域名解析的服务。

(2)DNS 服务委派可以用来实现分布式 DNS 服务。通过委派子域名给下一级 DNS 服务器,可以实现分布式的 DNS 解析服务。这样做可以提高系统的可用性和容错能力。

```
C:\Windows\system32\cmd.exe                                          —    □    ×

C:\Users\admin>ipconfig /all

Windows IP 配置

    主机名 . . . . . . . . . . . . . . : PC01
    主 DNS 后缀 . . . . . . . . . . . :
    节点类型 . . . . . . . . . . . . . : 混合
    IP 路由已启用 . . . . . . . . . . : 否
    WINS 代理已启用 . . . . . . . . . : 否

以太网适配器 Ethernet0:

    连接特定的 DNS 后缀 . . . . . . . :
    描述. . . . . . . . . . . . . . . : Intel(R) 82574L Gigabit Network Connection
    物理地址. . . . . . . . . . . . . : 00-0C-29-2B-85-6D
    DHCP 已启用 . . . . . . . . . . . : 是
    自动配置已启用 . . . . . . . . . . : 是
    本地链接 IPv6 地址. . . . . . . . : fe80::27a7:85c5:1545:6709%9(首选)
    IPv4 地址 . . . . . . . . . . . . : 192.168.10.101(首选)
    子网掩码 . . . . . . . . . . . . . : 255.255.255.0
    默认网关. . . . . . . . . . . . . :
    DHCPv6 IAID . . . . . . . . . . . : 100666409
    DHCPv6 客户端 DUID . . . . . . . . : 00-01-00-01-2D-B3-8F-86-00-0C-29-2B-85-6D
    DNS 服务器 . . . . . . . . . . . . : 192.168.10.1
    TCPIP 上的 NetBIOS . . . . . . . . : 已启用

以太网适配器 蓝牙网络连接:

    媒体状态 . . . . . . . . . . . . . : 媒体已断开连接
    连接特定的 DNS 后缀 . . . . . . . :
    描述. . . . . . . . . . . . . . . : Bluetooth Device (Personal Area Network)
    物理地址. . . . . . . . . . . . . : 00-A6-18-20-3F-86
    DHCP 已启用 . . . . . . . . . . . : 是
    自动配置已启用 . . . . . . . . . . : 是

C:\Users\admin>nslookup web.sh.gcx.cn
服务器:  DNS1.gcx.cn
Address:  192.168.10.1

非权威应答:
名称:     web.sh.gcx.cn
Address:  192.168.10.252
```

图 7-61

项目 8 部署企业 Web 服务器

随着网络信息化的发展,GCX 公司建立了门户网站、人事管理系统、项目管理系统等网络信息化系统。为保障这些信息化系统的访问效率和数据安全,公司决定由信息中心负责把公司门户网站、人事管理信息系统、项目管理信息系统等系统部署到公司自有服务器。具体要求如下:

(1)公司门户网站为一个静态网站,访问地址为 192.168.10.101。

(2)公司人事管理系统为一个 ASP 动态网站,访问地址为 192.168.10.101:8090。

(3)公司项目管理系统为一个 ASP. net 动态网站,访问地址为 xm. gcx. cn。

◆ 项目目标

(1)了解 Web 服务的应用场景及工作原理;

(2)理解 URL 基本概念;

(3)学会使用 IIS 发布站点;

(4)能使用虚拟主机发布多个站点;

(5)能使用虚拟目录扩展网站资源。

◆ 相关知识

1. Web 的概念

万维网(World Wide Web,WWW)也称 Web,其中的信息资源以 Web 文档为基本元素,这些 Web 文档也称为 Web 页面,是一种超文本(hypertext)格式的信息,可以用于描述文本、图形视频、音频等多媒体信息。

Web 上的信息由彼此关联的文档组成,而使其连接在一起的是超链接(hyperlink)。这些超链接可以指向当前 Web 页面内部或其他 Web 页面,彼此交织为网状结构,在 Internet 上构成了一张巨大的信息网。

2. URL 的概念

统一资源定位符(Uniform Resource Locator,URL)也称为网页地址,用于标识 Internet 上资源的地址,其标准格式为:协议类型://主机名[:端口号]/路径/文件名。由此可知,URL 由协议类型、主机名、端口号、路径/文件名等信息构成,各模块简要描述如下。

（1）协议类型。

协议类型用于标记资源的访问协议类型，常见的协议类型包括 HTTP、HTTPS、Gopher、FTP、Mailto、Telnet、File 等。

（2）主机名。

主机名用于标记资源的名字，它可以是域名或 IP 地址。例如 http://www.gcx.cn/index.asp 的主机名为 www.gcx.cn。

（3）端口号。

端口号用于标记目标服务器的访问端口号，端口号为可选项。如果没有填写端口号，表示采用了协议默认的端口号，如 HTTP 默认的端口号为 80，FTP 默认的端口号为 21。例如，http://www.edu.cn 和 http://www.edu.cn:80 表示的含义是一样的，因为 HTTP 服务的默认端口号就是 80。再如 http://www.edu.cn:8080 和 http://www.edu.cn 是不同的，因为两个服务的端口号不同。

（4）路径/文件名。

路径/文件名用于指明服务器上某资源的位置（其格式通常为"目录/子目录/文件名"）。

3. Web 服务的类型

目前，最常用的动态网页语言有 ASP（Active Server Pages）/ASP.net、PHP（Hypertext Preprocessor）和 JSP（Jakarta Server Pages）这 3 种。

ASP/ASP.net 是由微软公司开发的 Web 服务器端开发环境，利用它可以产生和执行动态的、互动的、高性能的 Web 服务应用程序。

PHP 是一种开源的服务器端脚本语言。它大量借用 C 语言、Java 和 Per 等语言的语法，并耦合 PHP 自己的特性，使 Web 开发者能够快速地写出动态页面。

JSP 是 Sun 公司推出的网站开发语言，它可以在 Servlet 和 JavaBean 的支持下完成功能强大的 Web 站点程序。

Windows Server 2019 支持发布静态网站、ASP 网站、ASP.net 网站的站点服务，而 PHP 和 JSP 的发布则需 PHP 和 JSP 的服务安装包才能支持。通常，PHP 和 JSP 网站的站点服务都在 Linux 操作系统上发布。

4. IIS 简介

Windows Server 2019 中的互联网信息服务（Internet Information Services，IIS）是一款基于 Windows 操作系统的互联网服务软件。利用 IIS 可以在互联网上发布属于自己的 Web 服务，包括 Web、FTP、NNTP 和 SMTP 等服务，分别用于承载网站浏览、文件传输、新闻服务和邮件发送等应用，并且支持服务器集群和动态页面扩展，如 ASP、ASP.net 等功能。IIS 10.0 已内置在 Windows Server 2019 当中，开发者可以利用 IIS 10.0 在本地系统上搭建测试服务器，进行网络服务器的开发与调试测试，例如部署 Web 服务和搭建文件下载服务。

5. 虚拟目录

虚拟目录是一个目录名（也称为路径）映射到本地或远程服务器上的物理目录。该路径是 URL 的一部分，浏览器通过该 URL 访问物理目录中的内容，如网页或者目录内容列表。可以通过添加一个虚拟目录来向一个网站或 Web 应用程序添加目录内容，而不需要将这些内容移动到该网站或 Web 应用程序的目录下。

任务1 部署企业的门户网站(静态网站)

任务场景

随着网络信息化的发展,企业急需通过网络发布信息,展现企业形象,推广企业文化。

任务实施

1. 安装 Web 服务器(IIS)

步骤1 使用 Administrator 管理员账号登录成员服务器 S1,在【服务器管理器】中选择【仪表板】→【添加角色和功能】(图 8-1)。

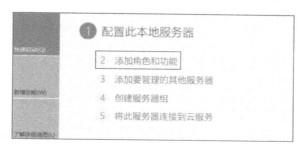

图 8-1

步骤2 连续单击【下一步(N)＞】按钮,直到出现【选择服务器角色】界面(图 8-2),勾选【Web 服务器(IIS)】,弹出【添加角色和功能向导】对话框,单击【添加功能】按钮。

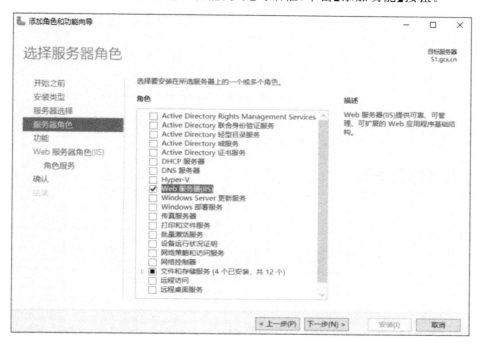

图 8-2

步骤3 连续单击【下一步(N)>】按钮,直到出现【确认安装所选内容】界面,单击【安装(I)】按钮(图8-3)。

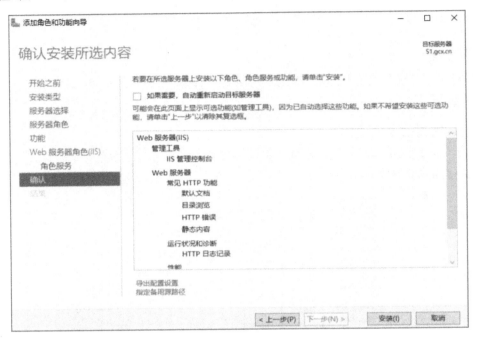

图 8-3

步骤4 安装完毕后,单击【关闭】按钮(图8-4)。

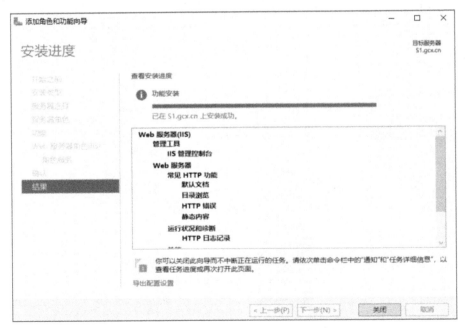

图 8-4

步骤 5 测试服务器 S1 是否已安装 Web 服务。安装完成后,可以通过打开【服务器管理器】,选择右上方【工具(T)】,打开【Internet Information Services(IIS)管理器】来管理 IIS 网站。在安装完 Web 服务器后,IIS 会默认加载一个 Default Web Site 站点,该站点用于测试 IIS 是否正常工作。此时用户打开 Web 浏览器,输入地址"192.168.10.101"并按 Enter 键,如果 IIS 正常工作,则显示图 8-5 所示网页。

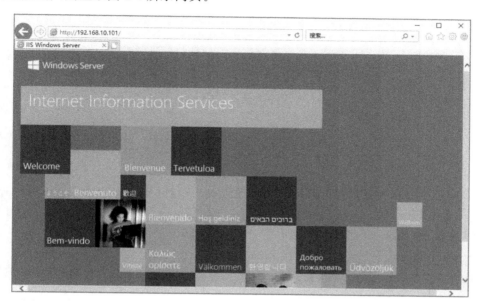

图 8-5

2.通过 IIS 发布静态网站

步骤 1 在服务器 S1 的 C 盘新建 Web 站点文件夹,本任务将网站放置在 C:\GCX\home 目录(图 8-6)。

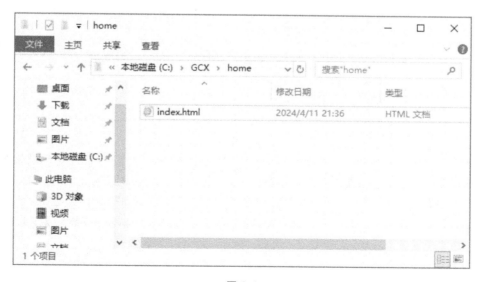

图 8-6

步骤2　新建网站首页文件。在C:\GCX\home 文件夹中创建文件 index. html,内容如图 8-7 所示。

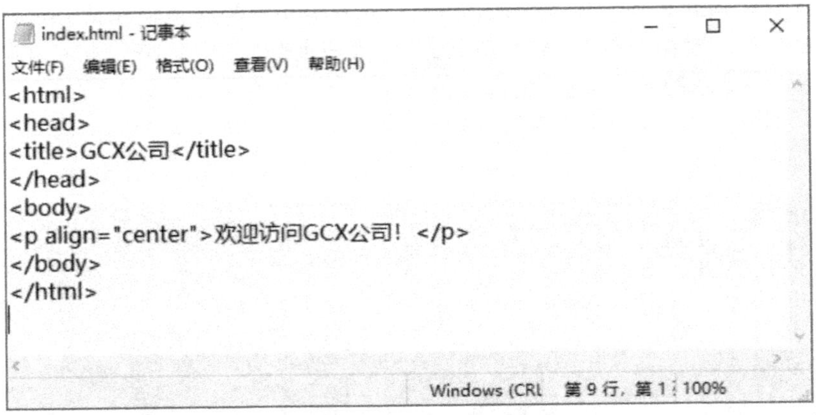

图 8-7

步骤3　在【服务器管理器】界面中,单击【工具(T)】→【Internet Information Services (IIS)管理器】,在【Internet Information Services(IIS)管理器】界面中单击【Default Web Site】,在右侧找到【管理网站】,单击【停止】按钮(图 8-8),即关闭该默认站点。

图 8-8

步骤4　创建公司门户网站。打开【Internet Information Services(IIS)管理器】,定位到【网站】,在右侧操作区域单击【添加网站...】(图 8-9),打开【添加网站】对话框。

步骤5　在【添加网站】对话框(图 8-10)中输入网站名称"home",物理路径为"C:\GCX\home",绑定地址选择"192. 168. 10. 101",勾选【立即启动网站(M)】,单击【确定】按钮,完成网站创建。

图 8-9

图 8-10

3.测试网站

启动 Client 计算机,打开浏览器,在地址栏输入"192.168.10.101",显示如图 8-11 所示界面。

图 8-11

任务小结

(1)Windows Server 2019 中实现 Web 服务器功能的服务器组件是 IIS。

(2)IIS 默认文档是指某一个网站目录在不指定访问文件名的情况下默认打开的文件。

任务 2　部署企业人事管理信息化站点(ASP 动态网站)

任务场景

GCX 公司的人事管理信息系统是一个采用 ASP 技术的网站,现在需要在公司的一台安装有 Windows Server 2019 操作系统的服务器上部署该站点,访问地址为 http://192.168.10.101:8090。在服务器上部署 ASP 网站,可通过以下步骤实现。

(1)在 IIS 的 Web 服务中添加对 ASP 动态网站的相关支持功能。

(2)将 ASP 网站文件拷贝到 Web 服务器,通过 IIS 发布 ASP 站点。

任务实施

1.在 IIS 的 Web 服务中添加对 ASP 动态网站的相关支持功能

在 Windows Server 2019 中打开【添加角色和功能向导】对话框,在【服务器角色】选项中,勾选【应用程序开发】【ASP】【ISAPI 扩展】等复选框(图 8-12)。单击【下一步(N)>】按钮,完成 ASP 功能的安装。

2.准备 ASP 网站文件

在本任务中,ASP 网站文件存放在 Web 服务器的 C:\GCX\hr 目录。新建网站首页文件 index.asp,其内容参考图 8-13。

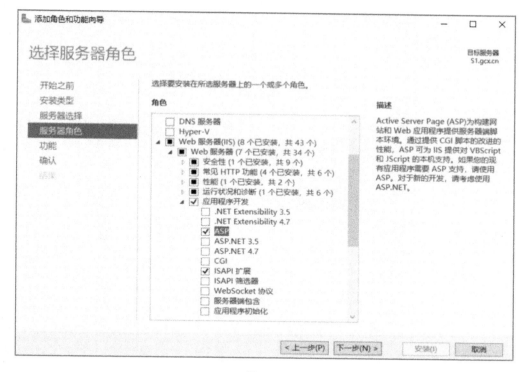

图 8-12

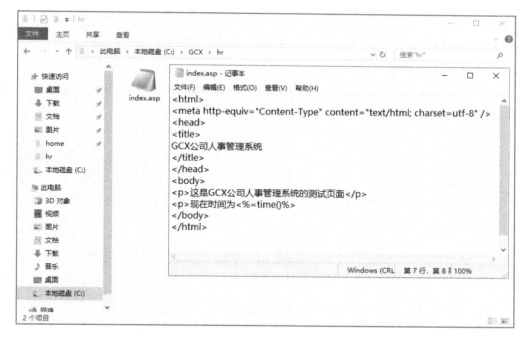

图 8-13

3. 发布 ASP 站点

在【添加网站】界面中输入【网站名称(S):】【物理路径(P):】【IP 地址(I):】【端口(O):】信息，其他保持默认设置(图 8-14)，单击【确定】按钮，完成网站的创建。

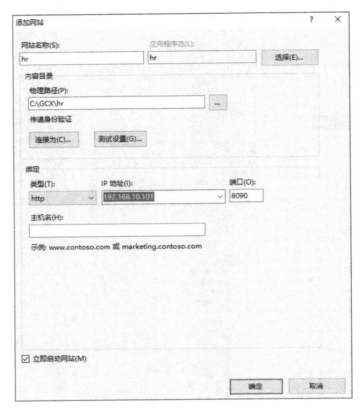

图 8-14

4.配置网站首页默认文档

步骤 1　在【Internet Information Services（IIS）管理器】窗口左边导航栏下选择【hr】选项,在【hr 主页】中双击【默认文档】(图 8-15)。

图 8-15

步骤 2　在【Internet Information Services (IIS)管理器】窗口的【默认文档】界面中,单击右侧【操作】栏下面的【添加...】链接,在弹出的【添加默认文档】对话框(图 8-16)中输入"index.asp",单击【确定】按钮,完成 ASP 站点的配置。

图 8-16

5.任务验证

在公司内部的客户机(Client 1)上使用浏览器访问网站 http://192.168.10.101:8090,结果如图 8-17 所示,GCX 公司的人事管理系统部署完成。

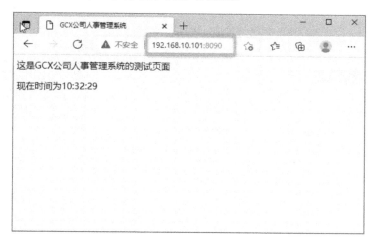

图 8-17

任务小结

(1)通过 IIS 发布基于 ASP 技术的动态站点时,需要添加 ASP 应用程序开发组件。

(2)利用服务器不同端口发布多个站点时,需要设置防火墙使其开放对应端口访问服务器。

任务3　更新企业信息化站点(域名访问)

任务场景

GCX 公司的项目管理系统是一个采用 ASP.net 技术完成的动态网站,现在公司要求在一台安装了 Windows Server 2019 操作系统的服务器上部署该站点,根据前期规划,公司项目管理系统的访问地址为 http://xm.gcx.cn。

Windows Server 2019 IIS 支持 ASP.net 站点的发布,需要安装 ASP.net 的功能组件,本任务需要通过以下几个步骤来完成。

(1)在 IIS 的 Web 服务中添加对 ASP.net 动态网站的相关支持功能。

(2)将 ASP.net 的网站文件拷贝到 Web 服务器,并通过 IIS 发布 ASP.net 站点。

(3)配置 DNS 服务器,添加资源记录 xm.gcx.cn(本步骤略)。

任务实施

1. 在 IIS 的 Web 服务中添加对 ASP.net 动态网站的相关支持功能

在 Windows Server 2019 中打开【添加角色和功能向导】对话框,在【服务器角色】选项中,勾选【ASP.NET 4.7】等复选框(图 8-18),然后单击【下一步(N)>】按钮,完成 ASP.net 功能的安装。

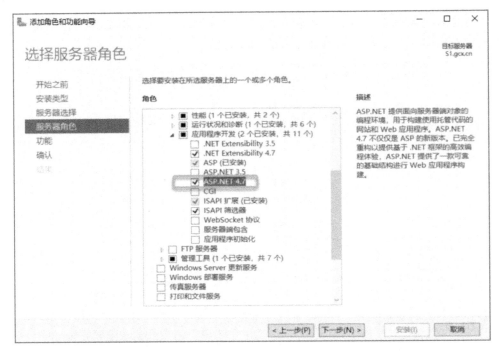

图 8-18

2.通过 IIS 发布 ASP.net 站点

步骤1 准备 ASP.net 网站文件。在本任务中将 ASP.net 的网站文件存放在 C:\GCX\xm 目录中。分别新建文件：index.aspx(图 8-19)和 index.aspx.cs(图 8-20)。

```
<%@ Page Language="C#" AutoEventWireup="true" CodeFile="index.aspx.cs" Inherits="index"%>
<!DOCTYPE html>
<html xmlns="http://www.w3.org/1999/xhtml">
    <head runat="server">
        <meta http-equiv="content-Type" content="text/html;charset=gbk"/>
        <title>项目管理系统</title>
    </head>
    <body >
        <center>
        <h2>这是GCX公司项目管理系统的测试页面</h2>
        <form id="form1" runat="server">
            <div style="background-color:yellow;">
                <span style="font-size:26px;">
                    <script type="text/javascript">
                        var date=new Date();
                        document.write("今天是："+date.getFullYear()+"年"+(date.getMonth()+1)+"月"+date.getDate()+"日");
                    </script>
                </span>
            </div>
        </form>
    </body>
</html>
```

图 8-19

```
using System;
using System.Collections.Generic;
using System.Linq;
using System.Web;
using System.Web.UI;
using System.Web.UI.WebControls;

public partial class index : System.Web.UI.Page
{
    protected void Page_Load(object sender, EventArgs e)
    {

    }
```

图 8-20

步骤2 在【添加网站】界面中，输入【网站名称(S):】【物理路径(P):】【IP 地址(I):】【端口(O):】【主机名(H):】等信息(图 8-21)，其他保持默认设置。单击【确定】按钮，完成 ASP.net 网站的创建。

步骤3 在【Internet Information Services(IIS)管理器】窗口左边导航栏下选择【Jan16 公司项目管理系统】链接，单击右侧【操作】栏下的【添加...】链接，在弹出的【添加默认文档】对话框中输入"index.aspx"(图 8-22)，单击【确定】按钮，完成 ASP.net 站点的配置。

3.任务验证

在公司内部客户机(Client 1)上使用浏览器访问网址 http://xm.gcx.cn，显示如图 8-23所示的页面，该测试结果表明基于 ASP.net 技术的项目管理系统已正常运行。

图 8-21

图 8-22

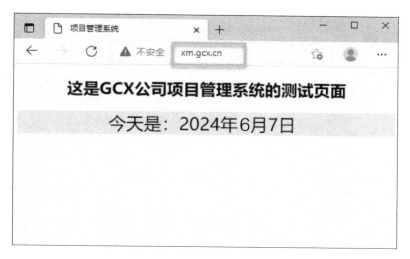

图 8-23

任务小结

(1)通过 IIS 发布基于 ASP. net 技术的动态站点时,需要添加 ASP. net 服务角色。

(2)利用不同主机名发布多个站点时,需要在 DNS 服务器上建立相应资源记录。

任务 4　使用虚拟目录在公司主域名下发布各部门站点

任务场景

GCX 公司不同部门都建有自己的部门网站,公司提出使用公司主域名发布所有部门的网站,以节省信息资源,信息中心计划通过虚拟目录实现此需求。根据规划,公司主域名为 www.gcx.cn,各部门的子网站访问方式分别为 www. gcx. cn/sales、www. gcx. cn/office、www. gcx. cn/it 等。

任务实施

1.子站点文件准备

本任务中各部门子站点分别放置在服务器 C:\subsite 目录的对应子目录中(图 8-24)。

2.建立各部门子站点的测试页面(以 IT 部门为例)

建立的测试页面如图 8-25 所示。

3.创建虚拟目录

步骤 1　打开【服务器管理器】,选择右上方【工具(T)】,打开【Internet Information Services(IIS)管理器】,在【网站】下选择【home】选项,单击鼠标右键,选择【添加虚拟目录...】(图 8-26)。

步骤 2　在打开的【添加虚拟目录】界面中,设置【别名(A):】【物理路径(P):】等参数(图 8-27),单击【确定】按钮。完成虚拟目录的创建。

图 8-24

```html
<html>
    <meta http-equiv="Content-Type" content="text/html; charset=gbk" />
    <head>
        <title>GCX公司IT信息中心</title>
    </head>
    <body>
        <p align="center">欢迎访问IT信息中心！</p>
        <p>这里是IT信息中心测试页面。</p>
    </body>
</html>
```

图 8-25

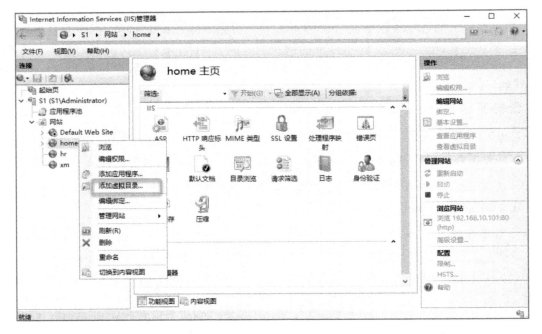

图 8-26

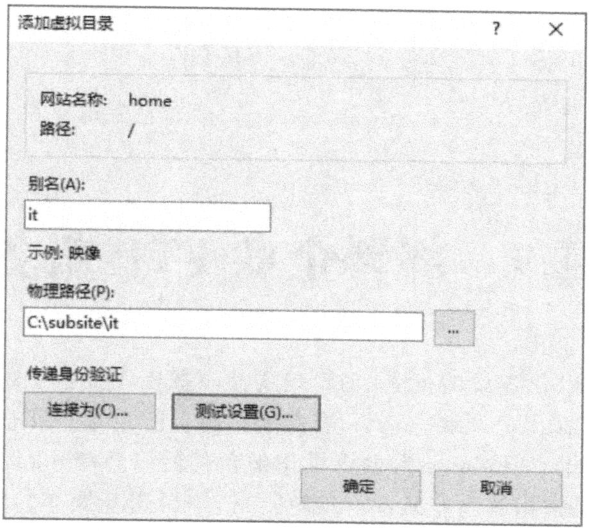

图 8-27

4.任务验证

在公司内部客户机(Client 1)上使用浏览器访问网址 http://www.gcx.cn/it,显示如图 8-28 所示的页面,表明使用虚拟目录发布的 IT 部门站点已正常运行。

图 8-28

任务小结

(1)虚拟目录是为 Web 站点不在主目录下的某个物理目录或者其他服务器上的共享目录时指定的名称,也称为"别名"。使用别名更加安全,因为用户不知道文件在服务器上的物理位置,所以无法使用该信息来修改文件。通过使用别名,还可以更轻松地移动站点中的目录,无须更改目录的 URL,而只需更改别名与目录物理位置之间的映射。

(2)若要从主目录以外的任何其他目录进行 Web 站点发布,则必须创建虚拟目录。

项目 9　部署企业 FTP 服务器

随着 GCX 公司信息化建设的推进,动辄需要共享数十千兆以上的大容量数据文件。原始的文件存储已经不能满足公司要求,公司有必要搭建自己的文件服务器来满足员工上传、下载共享文件的需求。在以 Windows 为主要操作平台的网络环境中,以共享文件夹为基础的 Windows 文件服务器是常用解决方案,而在多种操作平台交互操作的网络环境中,FTP 是常用的跨平台解决方案,它允许用户在网络上进行文件传输,方便用户在不同设备之间共享文件。

◆ 项目目标

(1)了解 FTP 的作用及工作过程;
(2)掌握 FTP 服务器的安装与配置;
(3)掌握用户隔离 FTP 站点配置。

◆ 相关知识

1.FTP 的概念

文件传输协议(File Transfer Protocol,FTP)是一种应用层协议,该协议是 Internet 文件传送的基础,它由一系列规格说明文档组成,目标是提高文件的共享性。该协议采用"C/S"结构设计,其结构的中心有一台 FTP 服务器。

2.FTP 服务器和客户端

FTP 服务器是一种基于网络协议的文件传输服务器,它允许用户在网络上进行文件传输,方便用户在不同设备之间共享文件。用户通过一个客户机程序连接至在远程计算机上运行的服务器程序。依照 FTP 提供文件传输服务的计算机就是 FTP 服务器,而连接 FTP 服务器,遵循 FTP,与 FTP 服务器进行文件传输的计算机就是 FTP 客户端。随着网络技术的发展,FTP 服务器在企业和个人领域中的应用越来越广泛。

3.FTP 用户授权和匿名访问

要连上 FTP 服务器(即"登录"),必须要有该 FTP 服务器授权的账号,也就是说只有在有了用户标识和口令后才能登录 FTP 服务器,享受 FTP 服务器提供的服务。互联网中有很大一部分 FTP 服务器被称为"匿名"(anonymous)FTP 服务器。这类服务器的目的是向公众提供文件复制服务,不要求用户事先在该服务器进行登记注册,也不要求取得 FTP 服务器的授权。FTP匿名访问是FTP服务器中的一种访问级别,其允许用户使用FTP协议登录服务器并访问其中的文件,而不需要认证或授权。

4.FTP的传输模式

FTP的任务是从一台计算机将文件传送到另一台计算机,它与这两台计算机所处的位置、连接的方式、是否使用相同的操作系统无关。假设两台计算机可以通过FTP对话,并且能访问Internet,就可以用FTP命令来传输文件。

5.FTP的工作方式

FTP支持两种模式,一种模式是Standard(也就是PORT,主动模式),另一种是Passive(也就是PASV,被动模式)。在Standard模式下,FTP的客户端发送PORT命令到FTP服务器;在Passive模式下,FTP的客户端发送PASV命令到FTP服务器。

任务1　部署企业的第一个FTP站点

任务场景

GCX公司需要部署公司文档中心,通过文件传输协议,提高公司文档共享服务的效率。其网络拓扑图如图9-1所示。

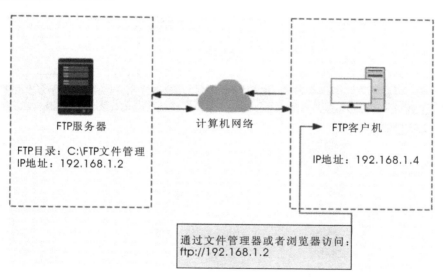

图 9-1

任务实施

1.设置FTP服务器环境,添加FTP服务

步骤1　设置FTP服务器的IP地址为固定IP地址"192.168.1.2"(图9-2)。

步骤2　安装Web服务器(含FTP服务器)。在FTP服务器的【服务器管理器】窗口中单击【添加角色和功能】(图9-3)。

图 9-2

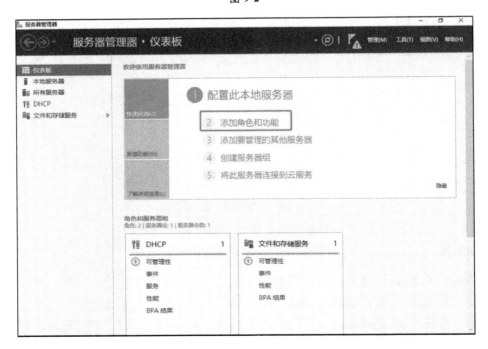

图 9-3

步骤3　保持【开始之前】界面的默认选项,单击【下一步(N)＞】按钮(图 9-4)。

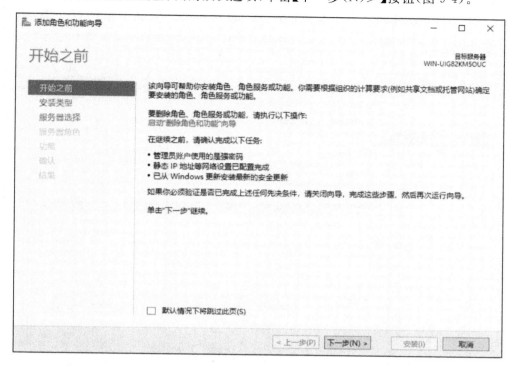

图 9-4

步骤4　保持【安装类型】界面的默认选项,单击【下一步(N)＞】按钮(图 9-5)。

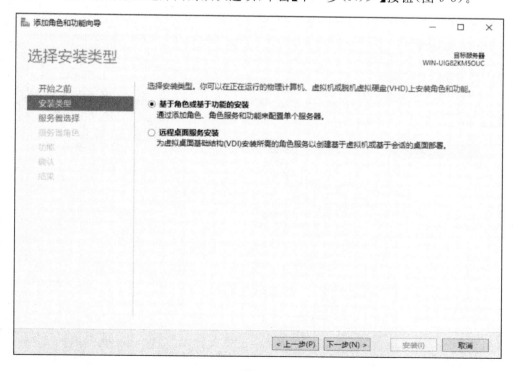

图 9-5

步骤5　在【服务器选择】选项下选中【从服务器池中选择服务器】单选按钮（图9-6），此处默认选中了一台服务器，如果存在多台服务器，可以自行选择。单击【下一步(N)＞】按钮。

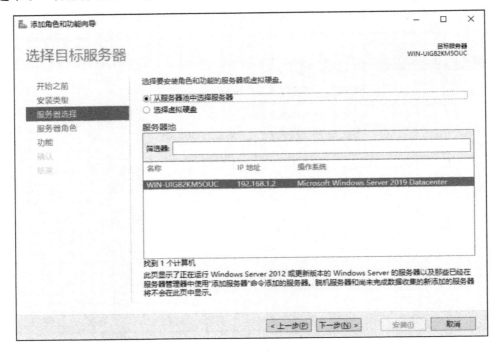

图 9-6

步骤6　在【服务器角色】选项下选中【Web服务器(IIS)】复选框（图9-7），单击【下一步(N)＞】按钮。

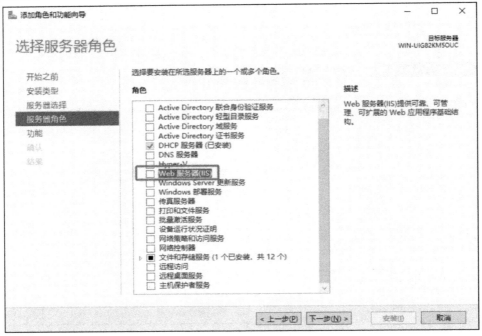

图 9-7

步骤7 在【添加角色和功能向导】对话框的【添加 Web 服务器(IIS)所需的功能?】界面中,单击【添加功能】按钮(图 9-8)。

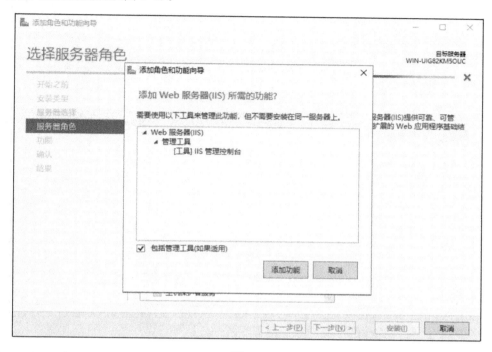

图 9-8

步骤8 保持【功能】选项中的默认选项,单击【下一步(N)>】按钮(图 9-9)。

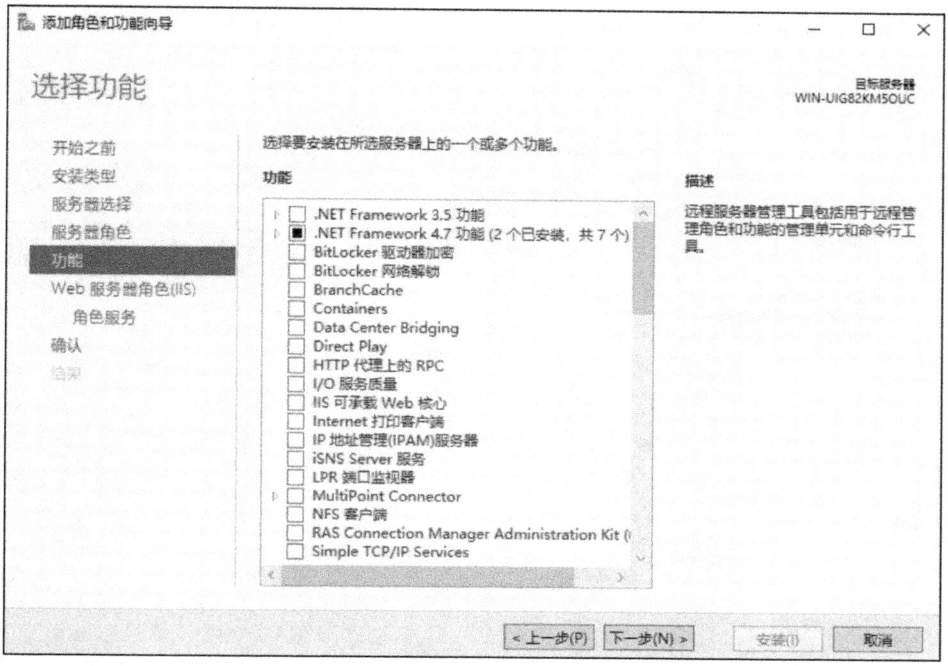

图 9-9

步骤9 保持【Web 服务器(IIS)】选项中的默认选项,单击【下一步(N)＞】按钮(图 9-10)。

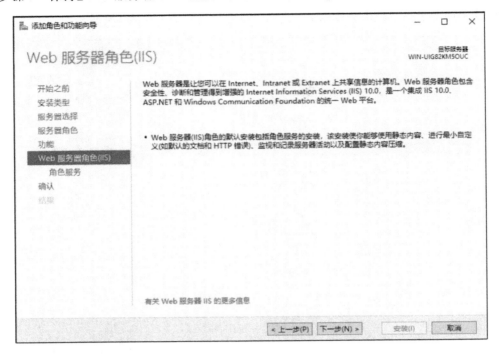

图 9-10

步骤 10 在【角色服务】选项中勾选【FTP 服务器】复选框,单击【下一步（N）＞】按钮(图 9-11)。

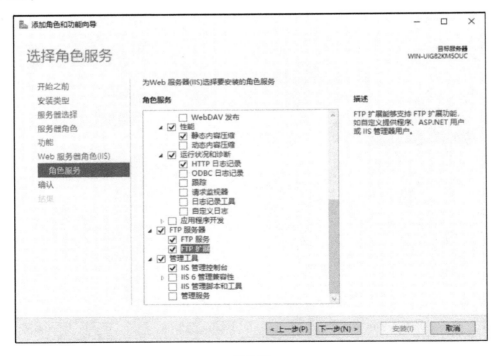

图 9-11

步骤11   在【确认】选项中单击【安装(I)】按钮（图 9-12），出现图 9-13 所示的界面。

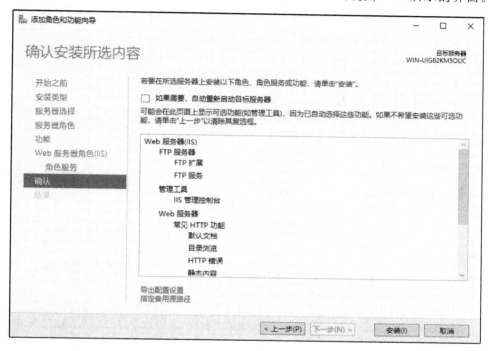

图 9-12

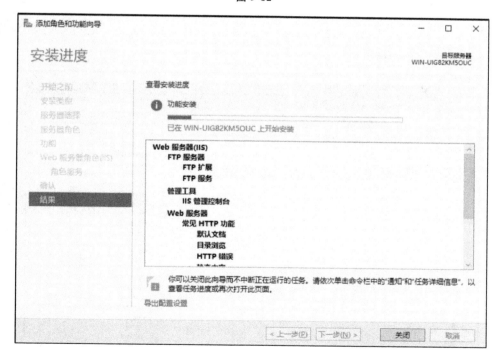

图 9-13

步骤 12 　安装完成后单击【关闭】按钮(图 9-14)。

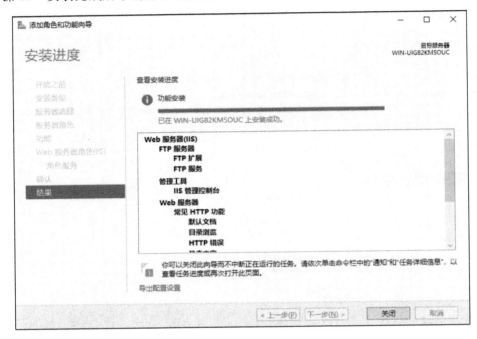

图 9-14

2.创建 FTP 站点

步骤 1 　启动 IIS 管理器。选择【工具(T)】→【Internet Information Services(IIS)管理器】(图 9-15),弹出 IIS 管理器窗口。

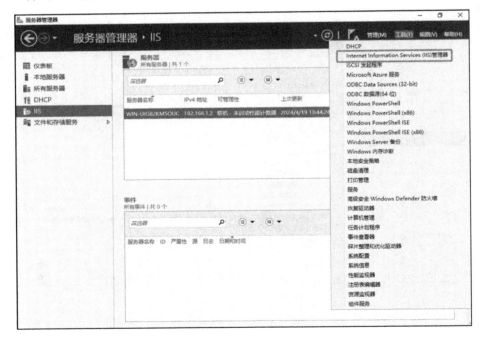

图 9-15

步骤2　添加 FTP 站点。默认情况下,IIS 中没有 FTP 站点,需要手动添加,鼠标右键单击【Internet Information Services(IIS)管理器】窗口中的计算机名,在弹出的快捷菜单中选择【添加 FTP 站点...】(图 9-16)。

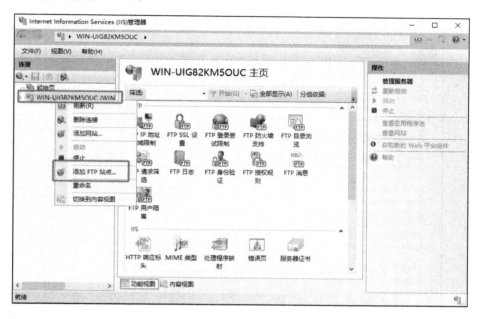

图 9-16

步骤3　在弹出的【添加 FTP 站点】对话框(图 9-17)中,设置【FTP 站点名称(T):】和【内容目录】,再单击【下一步(N)】按钮。

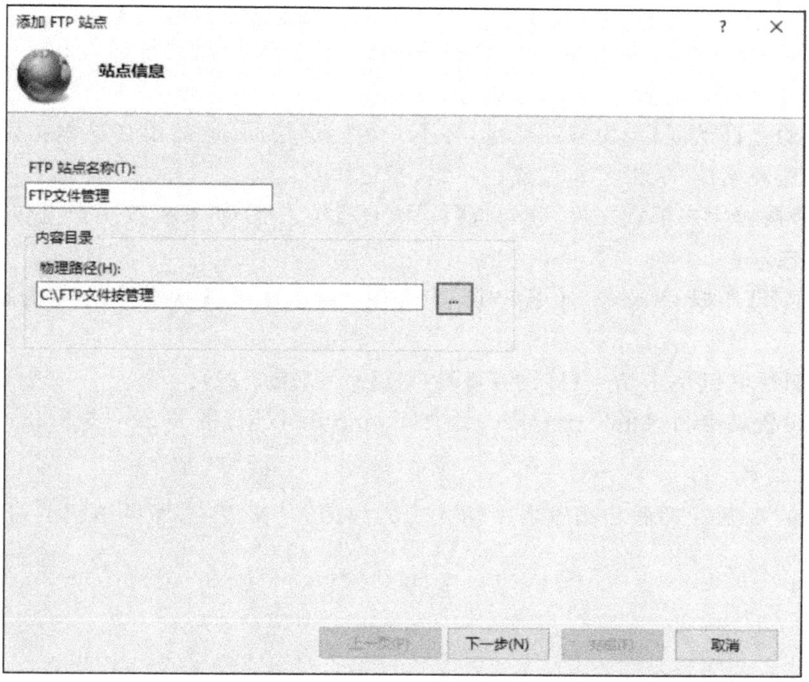

图 9-17

步骤4 在【添加FTP站点】对话框的【绑定和SSL设置】界面中,设置IP地址为"192.168.1.2",设置端口为"21",选中【无SSL(L)】单选按钮,然后单击【下一步(N)】按钮(图9-18)。

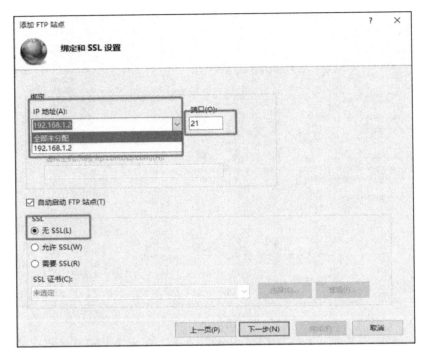

图 9-18

步骤5 在【身份验证和授权信息】界面(图9-19)中进行相关设置。

①身份验证:如果允许所有的来访者访问,就勾选【匿名(A)】复选框;如果允许合法的Windows用户访问,则勾选【基本(B)】复选框。

②授权中的允许访问:身份验证通过,并不一定能够访问,还需要在这里指定允许访问的用户(所有用户、匿名用户、指定角色或用户组、指定用户)。

③权限:若授权用户下载文件,就勾选【读取(D)】复选框,如果授权用户上传文件,则勾选【写入(W)】复选框。

步骤6 给FTP根目录添加用户访问权限,点击右侧【操作】栏中的【浏览】选项(图9-20)。

步骤7 鼠标右键单击站点目录的【属性(R)】命令(图9-21)。

步骤8 设置站点目录的安全权限。添加 Everyone 权限(图9-22~图9-28)。

3.客户机测试

在客户机的资源管理器和浏览器中输入 ftp://192.168.1.2,即可访问 FTP 站点下的所有文件(图9-29)。

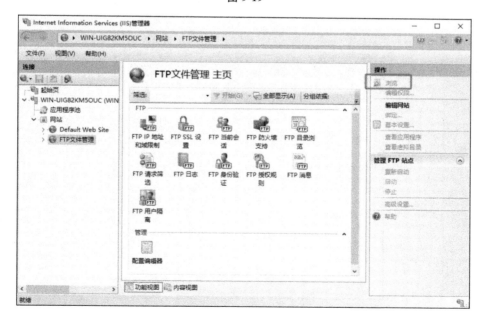

图 9-19

图 9-20

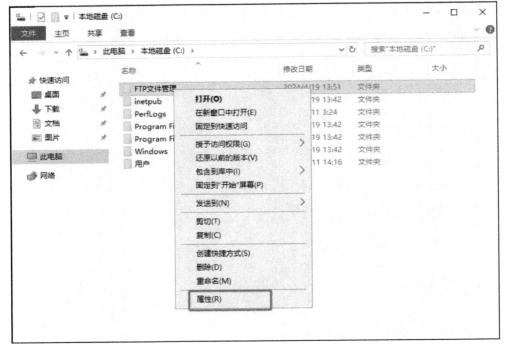

图 9-21

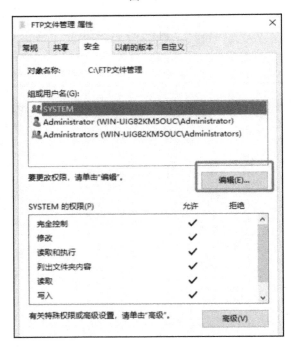

图 9-22

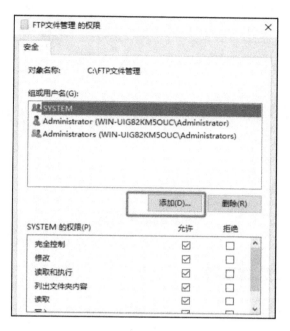

图 9-23

图 9-24

图 9-25

图 9-26

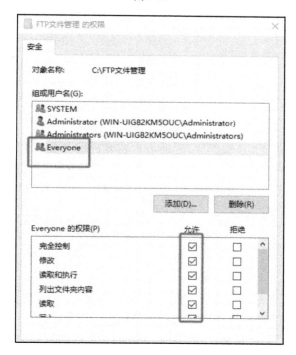

图 9-27

图 9-28

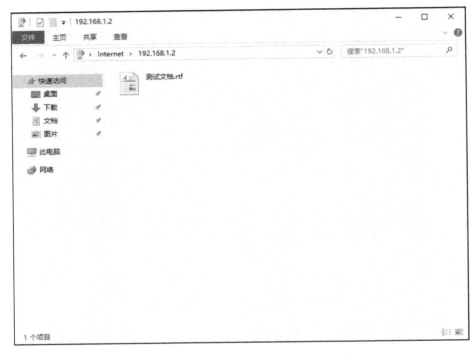

图 9-29

任务小结

通过建立高效、安全的 FTP 服务器,帮助用户在客户端与服务器之间传输文件,方便用户在不同设备之间共享文件。

任务 2　部署企业的用户隔离 FTP 站点

任务场景

在实际运用中,FTP 服务器用户隔离是非常重要的,因为不同组或个人使用 FTP 服务器时,他们不应该能够访问彼此的文件,更不应该能够修改或删除它们。基于用户账户的用户隔离既简单又常见,即在 FTP 服务器上创建每个用户的账户,并在相应目录下设置访问权限。当该用户的 FTP 客户端登录时,只能访问其主目录下的文件。此方法的优点是易于实现,而且在功能上足够灵活,因为用户可以对其主目录下的文件进行任何操作,而不会影响其他用户。其网络拓扑图如图 9-30 所示。

任务实施

1.新建两个用户 user1 和 user2

步骤 1　在【服务器管理器】界面中,选择【仪表板】→【工具(T)】→【计算机管理】(图 9-31),打开【计算机管理】窗口。

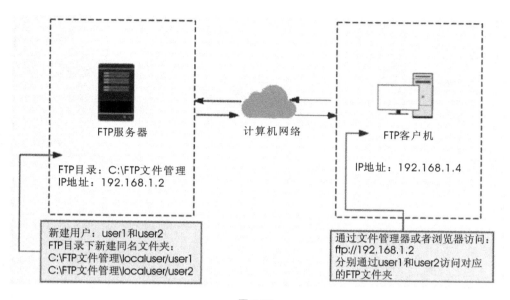

图 9-30

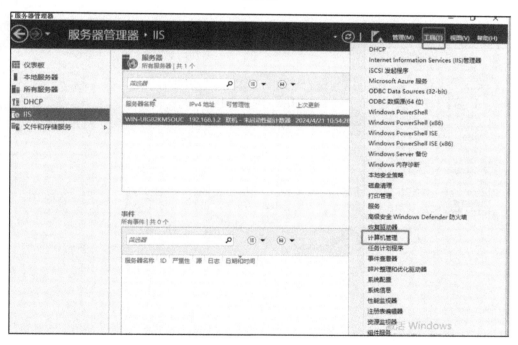

图 9-31

　　步骤 2　在【计算机管理】界面中,选择【系统工具】→【本地用户和组】→【用户】,在右侧空白处单击鼠标右键,在快捷菜单中选择【新用户(N)...】(图 9-32),打开【新用户】对话框。

　　步骤 3　在【新用户】窗口中,设置用户名为"user1",设置用户密码,勾选【密码永不过期(W)】选项(图 9-33)。

　　步骤 4　以同样的方式创建用户 user2。

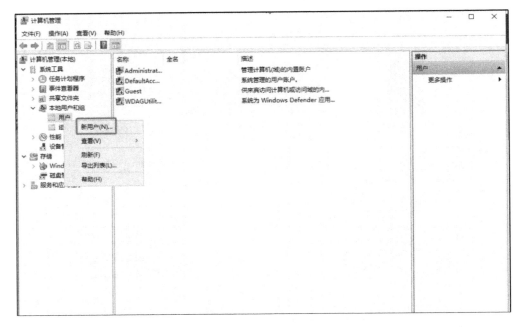

图 9-32

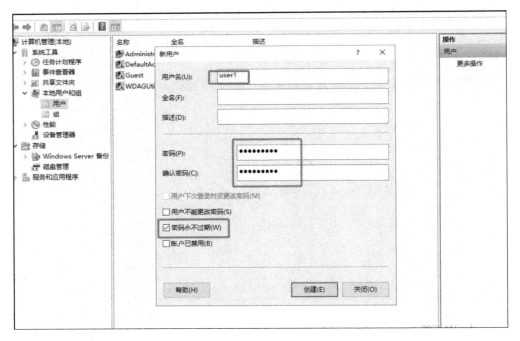

图 9-33

2.创建站点目录及测试文件

首先在 C:\FTP 文件管理目录下新建一个 localuser 目录,再新建两个和用户名同名的子目录 C:\FTP 文件管理\user1、C:\FTP 文件管理\user2,同时在两个子目录下分别新建一个同名的文本文件(便于测试)(图 9-34~图 9-36)。

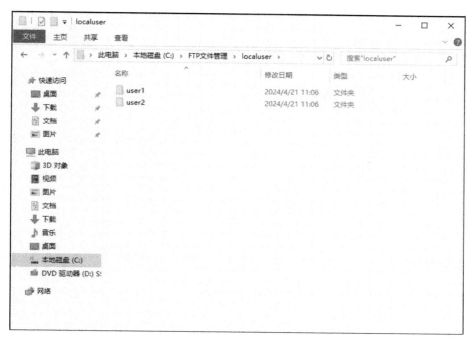

图 9-34

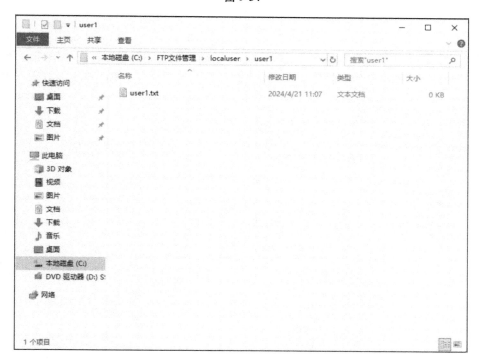

图 9-35

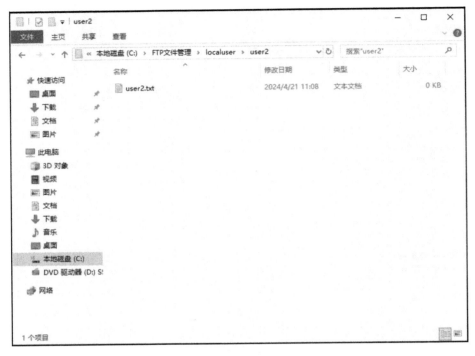

图 9-36

3. 添加 FTP 用户隔离

步骤 1　在【Internet Information Services(IIS)管理器】窗口的【FTP 文件管理 主页】界面中，单击 FTP 站点，再右键单击【FTP 用户隔离】，在快捷菜单中选择【打开功能】(图 9-37)。

图 9-37

步骤2　在【FTP用户隔离】界面下选择【用户名目录（禁用全局虚拟目录）（B）】单选按钮,然后单击右侧【操作】栏下的【应用】按钮(图 9-38)。

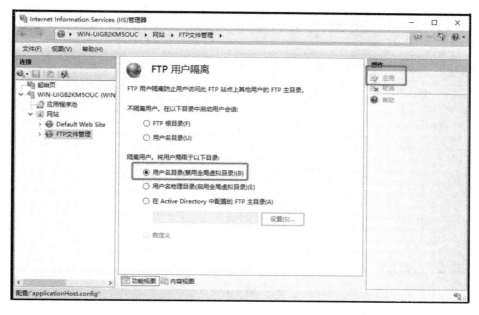

图 9-38

4.验证测试

步骤1　打开文件资源管理器,使用 user1 用户登录 FTP 服务器,可以看到 user1.txt 文件(图 9-39、图 9-40)。

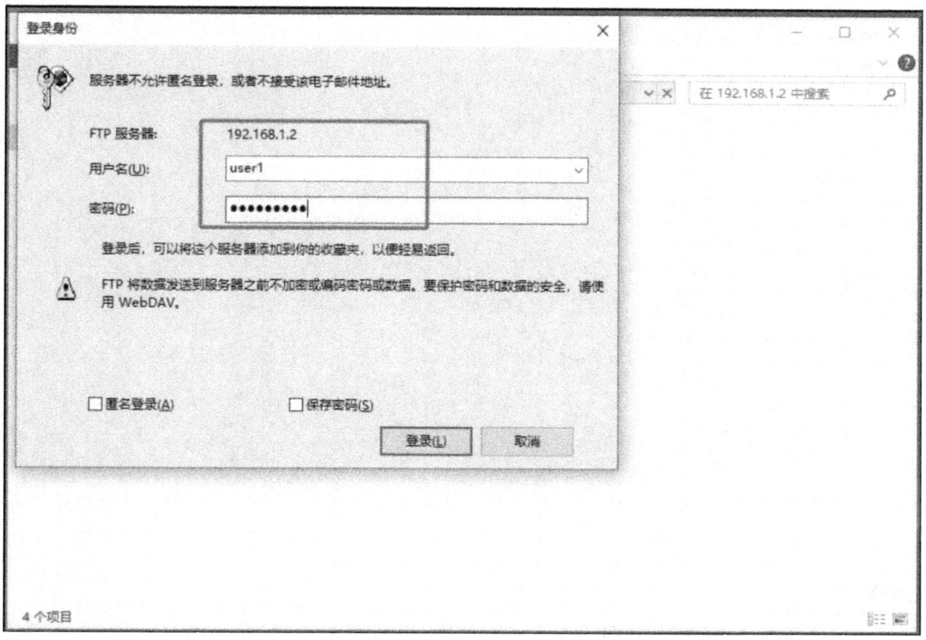

图 9-39

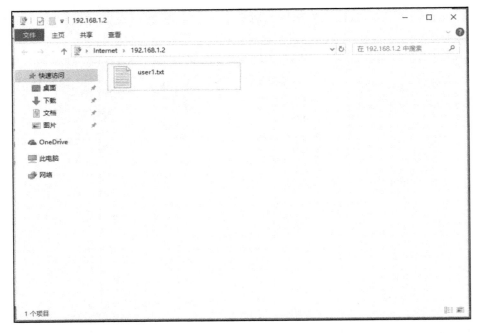

图 9-40

步骤 2　打开文件资源管理器，使用 user2 用户登录 FTP 服务器，可以看到 user2.txt 文件(图 9-41)。

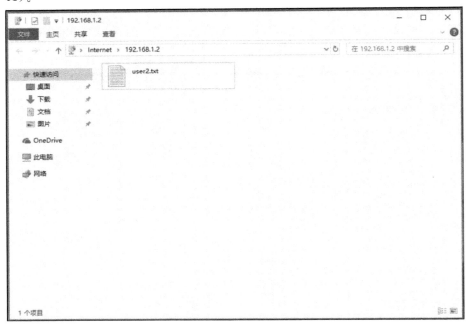

图 9-41

任务小结

通过添加 FTP 用户隔离，实现了不同用户访问不同目录下的文件的功能，确保不同用户在服务器上传、下载和访问文件时的安全性和隐私性。

项目 10 部署企业 VPN 服务器

通过远程访问(Remote Access)技术,可以将远程或移动用户计算机连接到企业内部局域网,使其与企业网络内部的计算机用户一样使用企业内网的各种信息管理系统,实现远程在线办公。

◆ 项目目标

(1)理解 VPN 的概念和基本原理;

(2)掌握 VPN 服务器的配置与测试;

(3)掌握在 VPN 服务器 DC 上创建 VPN 网络策略,使得用户在进行 VPN 连接时使用该网络策略。

◆ 相关知识

1. VPN 的概念

虚拟专用网(Virtual Private Network,VPN)是一种新的组网技术。虚拟专用网实际上就是将 Internet 看成一种公共数据网(Public Data Network),这种公共数据网和 PSTN 在数据传输上没有本质区别。因为从用户角度来看,数据都被正确地传送到了目的地。相对地,企业在这种公共数据网上建立的用于传输企业内部信息的网络被称为私有网。至于"虚拟"则主要相对于现在企业 Intranet 的组建方式而言。通常企业 Intranet 相距较远的各局域网都是用专用物理线路相连的,而虚拟专用网通过隧道(tunnel)技术提供 Internet 上的虚拟链路。

在 VPN 中,任意两个节点之间的连接没有专用网络所需的端到端的物理链路,而是利用公共网络资源动态组成,是通过私有的隧道技术在公共网络上仿真的一条端到端的虚拟专线。

VPN 提供了非常节省费用的组网方案,出差的员工可以利用包括便携式计算机在内的任何一台可以访问 Internet 的计算机,通过 VPN 隧道访问企业内部网络,企业内部可以对该用户进行授权、验证和审计。合作伙伴和分支机构也可以通过 VPN 组建专用网络代替传统昂贵的专线方式,而且其具有同样的甚至更高的安全性。

2. VPN 的安全机理

(1)认证方法。在认证技术作用下,验证用户的真实身份,加强对访问权限的控制,确保只有经授权后,才能访问 VPN。

（2）数据加密、解密。对 3DES 及 AES 等加密算法具有支持作用,支持 128bit、192bit、256bit 等密钥长度。对经过公共互联网传播的数据进行加密或者解密。

（3）密钥管理。对服务器或者客户端的加密密钥,利用 VPN 技术生成并更新,具有局域分发密钥功能。

（4）多协议支持。对一些在公共互联网上使用的协议具有支持作用,如 IP、IPX 等。

3. VPN 的构成

VPN 由 VPN 服务器、VPN 连接（Internet 等公共网络）、隧道、VPN 客户机组成（图 10-1）。

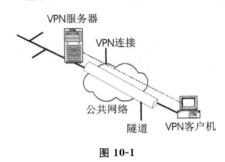

图 10-1

4. VPN 的实现方式

VPN 的实现有很多种方法,常用的有以下四种。

（1）VPN 服务器:在大型局域网中,可以通过在网络中心搭建 VPN 服务器的方法实现 VPN。

（2）软件 VPN:可以通过专用的软件实现 VPN。

（3）硬件 VPN:可以通过专用的硬件实现 VPN。

（4）集成 VPN:某些硬件设备,如路由器、防火墙等,都含有 VPN 功能。

5. 网络策略服务器

在较小的组织中,为每个用户单独启用 VPN 访问并不需要太多工作。然而,在更大的组织中,需要一种更易于管理的方式来控制 VPN 访问。

大型组织在网络策略服务器（Network Policy Server,NPS）中使用网络策略。在配置 VPN 服务器时安装 NPS。远程访问拨号用户服务（RADIUS）是一种协议,用于将身份验证请求转发到执行身份验证的 RADIUS 服务器。该协议最初用于拨号服务器,但也用于 VPN 服务器、无线接入点和交换机上的 802.1x 身份验证。

Windows Server 2019 中的 NPS 提供 RADIUS 服务器功能。NPS 中的网络策略是定义用户可以连接到网络的规则。默认的网络策略会阻塞所有连接,因此需要创建额外的网络策略来允许访问。可以基于 IP 地址或日期和时间限制等各种特性允许访问。然而,最常用的特征是组员身份。

作为网络策略的一部分,还需要选择可接受的身份验证方法。默认情况下启用的是一些较旧的、安全性较差的身份验证方法（图 10-2）。

建议使用可扩展身份验证协议（EAP）方法。EAP 本身不是一种身份验证协议,但它允许使用不同的身份验证方法。EAP 可用的方法包括:

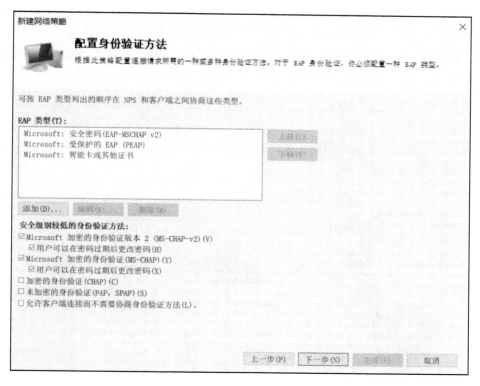

图 10-2

（1）安全密码（EAP-MSCHAP v2）。此方法允许用户使用用户名和密码登录，不需要证书。

（2）受保护的 EAP（PEAP）。此方法允许用户以用户名和密码登录，但必须在 NPS 服务器上安装证书以确保通信安全。

（3）智能卡或其他证书。此方法需要用户身份验证和在服务器上安装证书。还可在每个网络策略上配置约束，用户访问时它们会执行限制，如使用时段或使用时间限制。如果配置了多个约束，用户就必须匹配所有约束，否则网络将拒绝连接请求。

可配置应用于网络策略中的设置，包括过滤器、加密和 RADIUS 属性等。

6. 实践与应用

目前，VPN 已在各行业领域广泛应用。例如，江苏省南通市财政局为确保居家办公期间财政工作顺利推进，针对职工需操作财政资金数据和应用的远程办公场景，制定了基于"VPN＋桌面云＋堡垒机"的职工"一站式"远程处理方案，以数字化手段支持资金拨付等核心业务的办理。

任务 1　部署企业的 VPN 服务器

任务场景

Internet 是一个世界性的网络，由于具有全球性，故已成为一种受欢迎的连接远程站点的方式,如公司员工出差或居家办公时远程访问企业内网的服务器资源等。然而,Internet 是一个公共网络,企业通过 Internet 来连接远程站点和传输数据容易对企业内部网络构成安全威胁。为此,企业需要通过 VPN 技术在互联网的基础上通过创建私有网络来提供机密性和安全性保障,为员工提供安全的内网资源访问。

任务实施

1. 网络拓扑图

参考图 10-3 所示的实验网络拓扑图搭建实验环境,其中 VPN 服务器需要安装 2 块网卡,分别连接内部网络和外部网络。

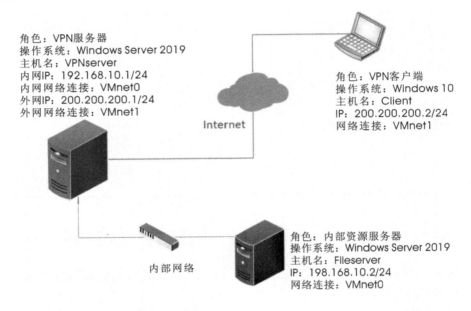

角色：VPN服务器
操作系统：Windows Server 2019
主机名：VPNserver
内网IP：192.168.10.1/24
内网网络连接：VMnet0
外网IP：200.200.200.1/24
外网网络连接：VMnet1

角色：VPN客户端
操作系统：Windows 10
主机名：Client
IP：200.200.200.2/24
网络连接：VMnet1

Internet

内部网络

角色：内部资源服务器
操作系统：Windows Server 2019
主机名：Fileserver
IP：198.168.10.2/24
网络连接：VMnet0

图 10-3

2. 安装路由和远程访问

要配置 VPN 服务器,必须安装路由和远程访问角色。Windows Server 2019 中的路由和远程访问角色是包括在网络策略和访问服务角色中的,并且默认没有安装。

步骤1　以管理员身份登录服务器 VPNserver,打开【服务器管理器】窗口,单击【仪表板】处的【添加角色和功能】按钮,进入【选择服务器角色】界面,勾选【网络策略和访问服务】和【远程访问】复选框(图 10-4)。

步骤2　持续单击【下一步(N)>】按钮,直至进入【远程访问】的【角色服务】列表框,将【角色服务】下复选框全部勾选(图 10-5),单击【下一步(N)>】按钮。

步骤3　如图 10-6 所示,单击【安装(I)】按钮即可开始安装,安装完成后务必重启计算机。

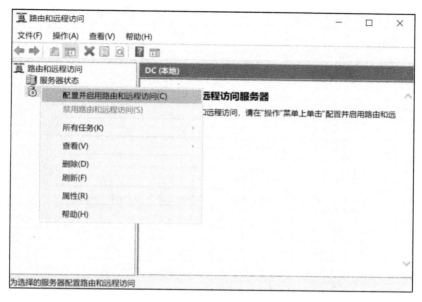

图 10-8

步骤3　在弹出的【路由和远程访问服务器安装向导】对话框中单击【下一步(N)＞】按钮，进入【配置】界面，在该界面中配置 NAT、VPN 及路由服务，本任务选中【远程访问(拨号或VPN)(R)】单选按钮(图 10-9)，单击【下一步(N)＞】按钮。

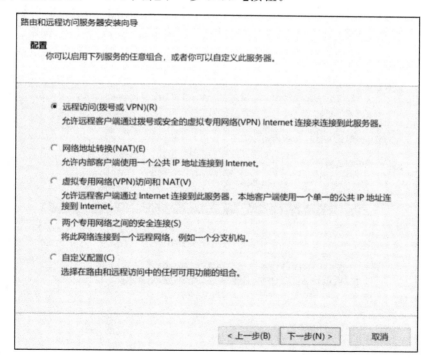

图 10-9

步骤4　在【远程访问】界面中选择创建拨号或 VPN 远程访问连接，在此勾选【VPN(V)】复选框(图 10-10)，单击【下一步(N)＞】按钮。

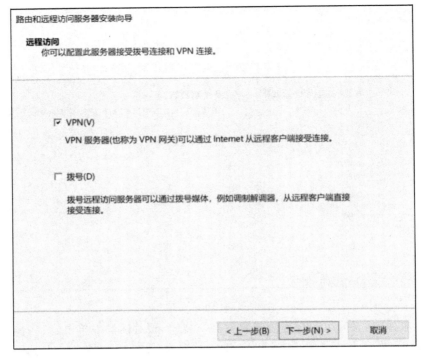

图 10-10

步骤 5 选择连接到 Internet 的网络接口。在【VPN 连接】界面中选择连接到 Internet 的网络接口,本任务选择【Ethernet1】选项(图 10-11),单击【下一步(N)>】按钮。

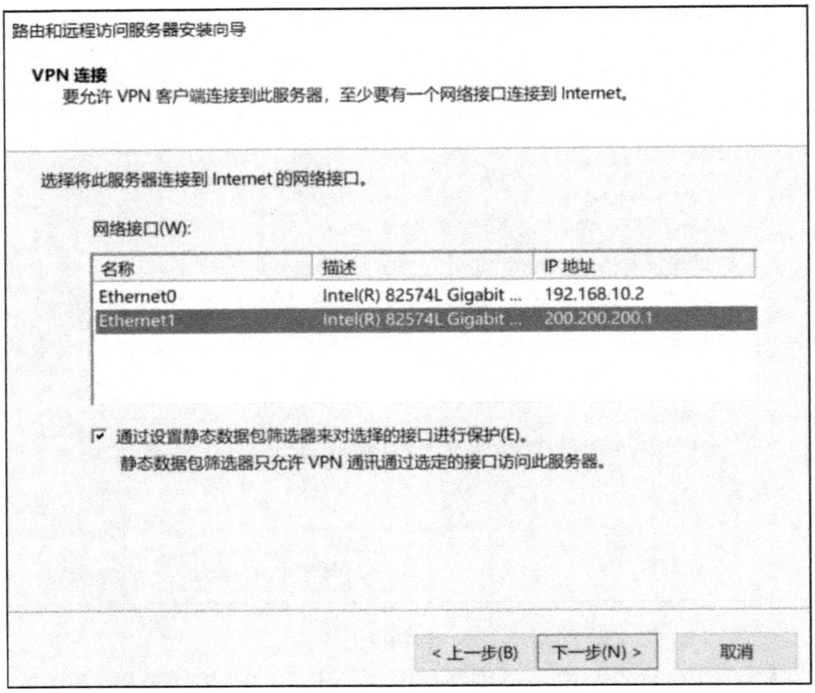

图 10-11

步骤6　设置 IP 地址分配方式。在【IP 地址分配】界面中设置分配给 VPN 客户端计算机的 IP 地址,可选择是从 DHCP 服务器获取还是来自一个指定范围。本任务选中【来自一个指定的地址范围(F)】单选按钮(图 10-12),单击【下一步(N)>】按钮。

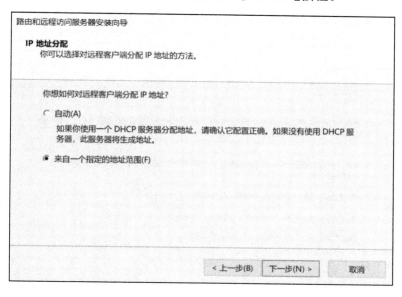

图 10-12

步骤7　在【地址范围分配】界面中指定 VPN 客户端计算机的 IP 地址范围。单击【新建】按钮,弹出【新建 IPv4 地址范围】窗口,在【起始 IP 地址(S):】文本框中输入"192.168.10.101",在【结束 IP 地址(E):】文本框中输入"192.168.10.150"(图 10-13),单击【确定】按钮。

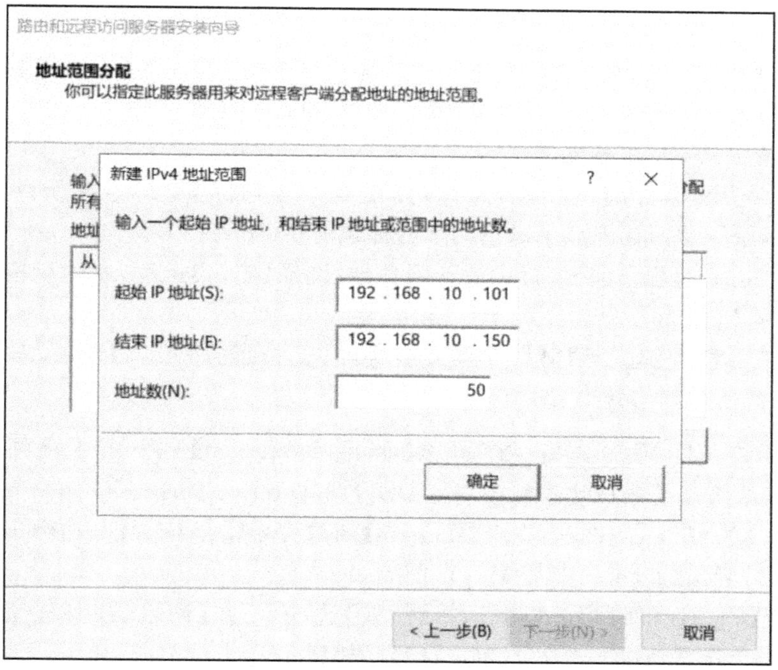

图 10-13

返回【地址范围分配】界面,可以看到已经指定了一段 IP 地址范围。

步骤 8　单击【下一步(N)＞】按钮,进入【管理多个远程访问服务器】界面。在该界面中指定身份验证的方法是路由和远程访问还是 RADIUS 服务器。本任务选中【否,使用路由和远程访问来对连接请求进行身份验证(O)】单选按钮(图 10-14),单击【下一步(N)＞】按钮。

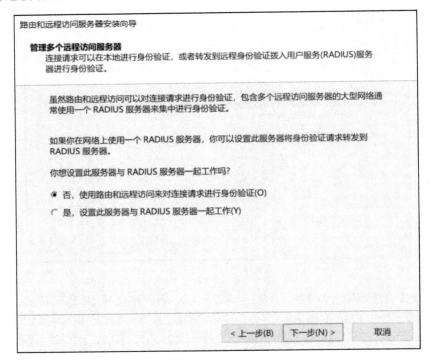

图 10-14

步骤 9　在【正在完成路由和远程访问服务器安装向导】界面的【摘要:】栏中显示了之前步骤所设置的信息。如图 10-15 所示,单击【完成】按钮,单击【确定】按钮,结束 VPN 配置。

步骤 10　查看 VPN 服务器的状态。

首先,完成 VPN 服务器的创建,返回【路由和远程访问】窗口。由于目前已经启用了 VPN 服务,所以服务器图标上显示绿色向上的标识箭头(图 10-16)。

然后,在【路由和远程访问】窗口中展开服务器,选择【端口】选项,右侧窗格显示所有端口的状态为“不活动”(图 10-17)。

最后,在【路由和远程访问】窗口中展开服务器,选择【网络接口】选项,右侧窗格显示了 VPN 服务器中的所有网络接口(图 10-18)。

4.配置域用户允许 VPN 连接:允许用户【zhangm@gcx. cn】使用 VPN 连接到 VPN 服务器

步骤 1　以域管理员账户登录域控制器 DC,打开【Active Directory 用户和计算机】,选择【gcx. cn】→【GCX】→【Sales】选项,选中【zhangm】用户并单击鼠标右键,在弹出的快捷菜单中选择【属性】选项,弹出【zhangm 属性】窗口(图 10-19)。

步骤 2　在【zhangm 属性】窗口中选择【拨入】选项卡,在【网络访问权限】选项组中选中【允许访问(W)】单选按钮(图 10-20),单击【确定】按钮。

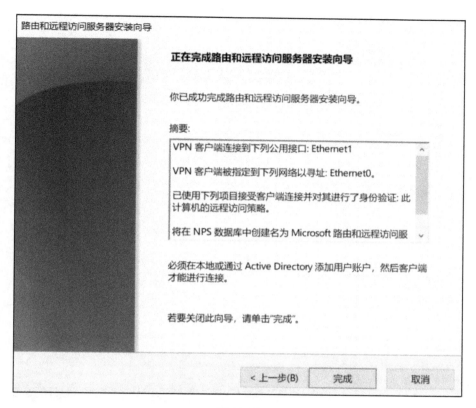

图 10-15

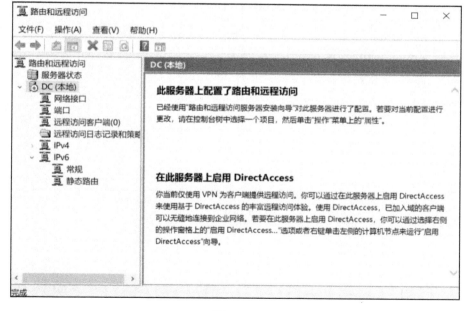

图 10-16

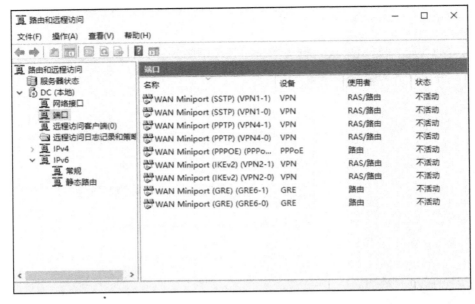

图 10-17

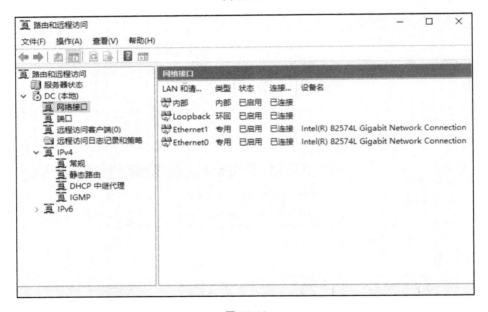

图 10-18

图 10-19

图 10-20

5.客户端创建 VPN 连接。在 VPN 端计算机 Client 上建立 VPN 连接并连接到 VPN 服务器

步骤1 在客户端计算机上创建 VPN 连接。以本地管理员账户登录 VPN 客户端计算机 Client,单击【开始】→【Windows 系统】→【控制面板】→【网络和 Internet】→【网络和共享中心】选项,打开【网络和共享中心】窗口(图 10-21)。

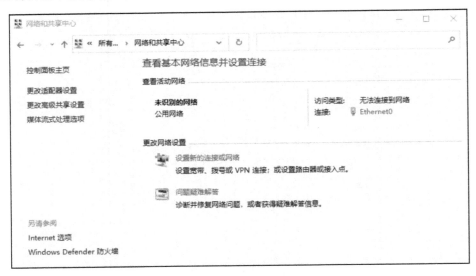

图 10-21

步骤2 在【网络和共享中心】窗口中单击【设置新的连接或网络】按钮。在【设置连接或网络】窗口中建立连接,以连接到 Internet 或专用网络。在此选择【连接到工作区】选项(图 10-22),单击【下一页(N)】按钮。

图 10-22

步骤3 在【连接到工作区】窗口的【你希望如何连接?】界面中指定使用 Internet 还是拨号方式连接到 VPN 服务器。在此选择【使用我的 Internet 连接(VPN)(I)】选项(图 10-23)。

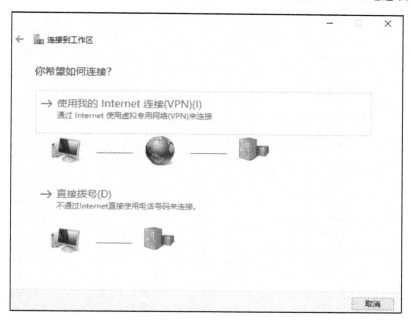

图 10-23

步骤4 在【你想在继续之前设置 Internet 连接吗?】界面中设置 Internet 连接,此处选择【我将稍后设置 Internet 连接(I)】选项(图 10-24)。

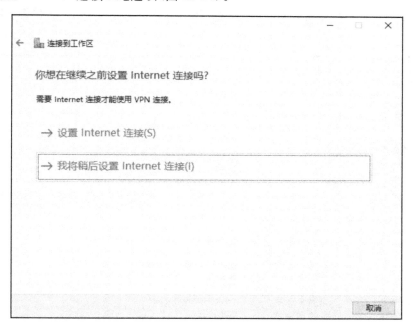

图 10-24

步骤5　在【键入要连接的 Internet 地址】界面的【Internet 地址(I):】文本框中输入 VPN 服务器的外部网卡 IP 地址"200.200.200.1",并设置目标名称为"VPN 连接"(图 10-25),单击【创建(C)】按钮,创建 VPN 连接。

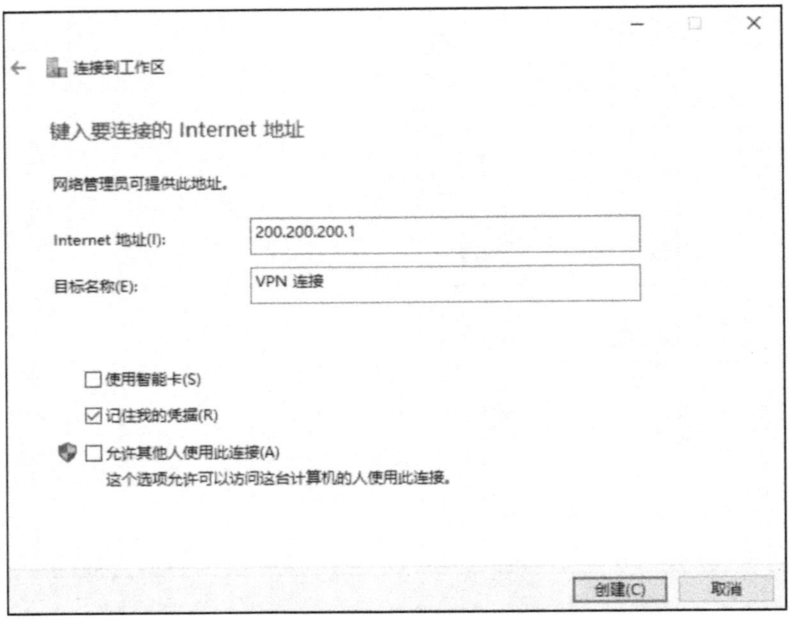

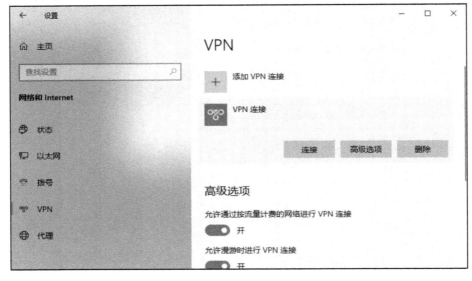

图 10-25

步骤6　连接到 VPN 服务器。选中开始菜单并单击鼠标右键,在弹出的快捷菜单中选择【网络连接】选项,打开【设置】窗口,选择【VPN】选项,单击【VPN 连接】→【连接】按钮(图 10-26)。

图 10-26

步骤7　在弹出的【Windows 安全中心】对话框中输入允许 VPN 连接的账户和密码（图 10-27），单击【确定】按钮，在此使用账户 gcx\zhangm 建立连接。

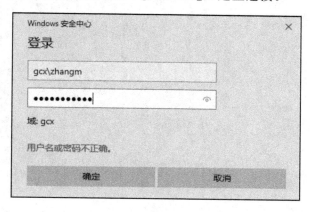

图 10-27

步骤8　经过身份验证后即可连接到 VPN 服务器，此时，在【设置】窗口中可以看到【VPN 连接】的状态是"已连接"（图 10-28）。

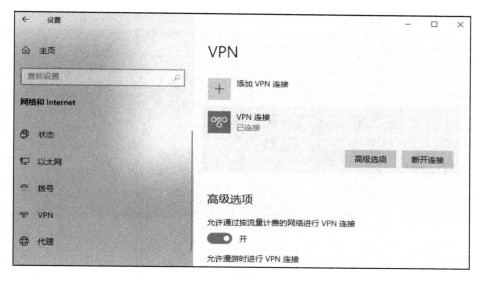

图 10-28

6. VPN 连接测试

当 VPN 客户端计算机 Client 连接到 VPN 服务器 DC 之后，即可访问公司内部局域网络中的共享资源。

（1）查看 VPN 客户端获取的 IP 地址。

步骤1　在 VPN 客户端计算机 Client 上，打开 Windows PowerShell 或者命令行窗口，使用 ipconfig 命令查看 IP 地址信息，可以看到 VPN 连接获得的 IP 地址为 192.168.10.102（图 10-29）。

步骤2　输入"ping 192.168.10.2"（图 10-30）命令测试 VPN 客户端计算机和 VPN 服务器的连通性。

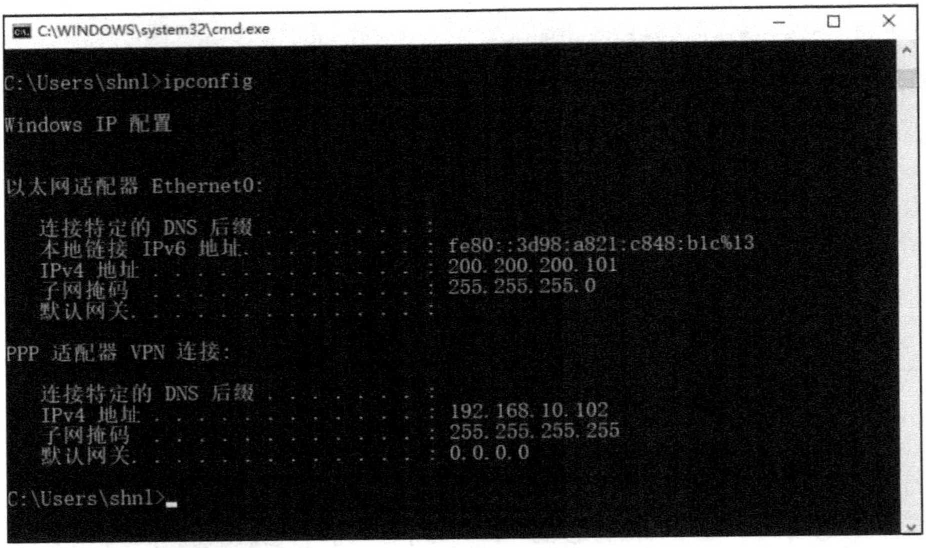

图 10-29

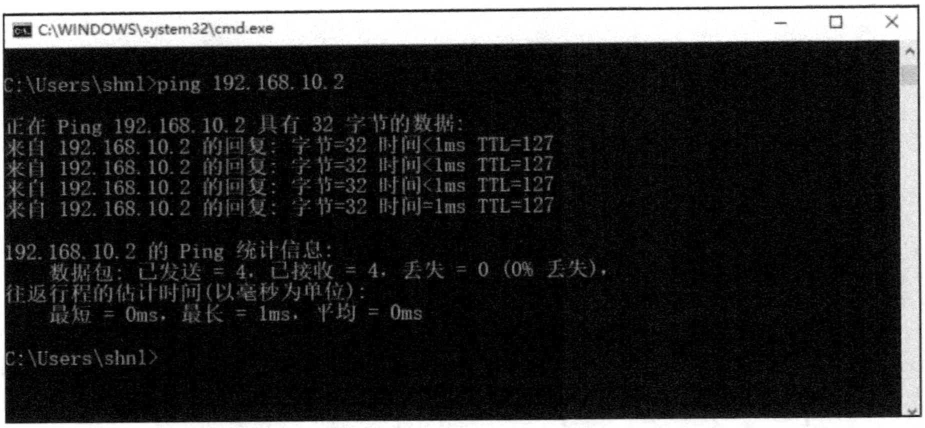

图 10-30

（2）在 VPN 服务器上进行验证。

步骤 1　以域管理员账户登录 VPN 服务器，在【路由和远程访问】窗口中，展开服务器选项，选择【远程访问客户端(1)】选项，右侧窗格中将显示连接时间及连接的账户，这表明已经有一个客户端建立了 VPN 连接（图 10-31）。

步骤 2　选择【端口】选项，在右侧窗格中可以看到其中一个端口的状态是"活动"，表明有客户端连接到 VPN 服务器（图 10-32）。

步骤 3　双击该活动端口，弹出【端口状态】界面。该对话框中显示了连接时间、用户，以及分配给 VPN 客户端计算机的 IP 地址（图 10-33）。

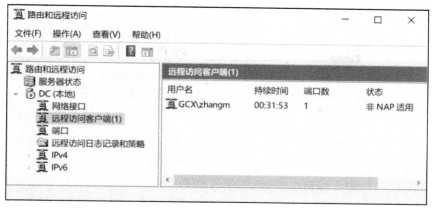

图 10-31

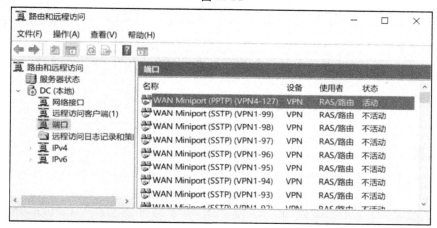

图 10-32

图 10-33

（3）断开 VPN 连接。

方法 1　在客户端计算机 Client 上，单击【断开（S）】按钮，断开客户端计算机的 VPN 连接。

方法 2　以域管理员账户登录 VPN 服务器 DC，在【路由和远程访问】窗口中依次展开服务器和【远程访问客户端（1）】选项，在右侧窗格中选中连接的远程客户端并单击鼠标右键，在弹出的快捷菜单中选择【断开（S）】命令，即可断开客户端计算机 VPN 连接。

任务小结

（1）VPN 是建立在实际网络（或物理网络）基础上的一种功能性网络。它将低成本的公共网络作为企业骨干网，同时克服了公共网络缺乏保密性的弱点。在 VPN 网络中，位于公共网络两端的网络在公共网络上传输信息时，其信息都是经过安全处理的，可以保证数据的完整性、真实性和私有性。

（2）VPN 可以很好地利用当前既有的 Internet 线路资源，使网络连接不再受地域的限制；而对于用户来讲，VPN 的工作方式是完全透明的。VPN 可以帮助远程用户、公司分支机构、商业伙伴及供应商同公司的内部网建立可信的安全连接，并保证数据的安全传输。

任务 2　配置 VPN 服务器的网络策略

任务场景

创建 VPN 网络策略，使 VPN 服务器授权 VPN 用户连接时使用网络策略服务器执行客户端健康检查。

任务实施

1. 新建网络策略

步骤 1　以域管理员账户登录 VPN 服务器 DC，在【服务器管理器】界面中，单击【工具（T）】→【网络策略服务器】选项，打开【网络策略服务器】窗口（图 10-34）。

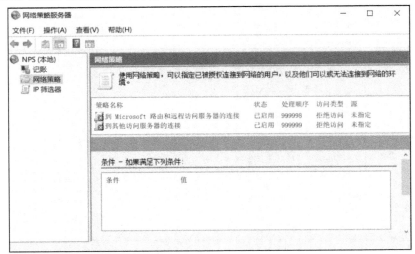

图 10-34

步骤2　选中【网络策略】选项并单击鼠标右键,在弹出的快捷菜单中选择【新建】选项,弹出【新建网络策略】对话框,在【指定网络策略名称和连接类型】界面中指定【策略名称(A):】为"VPN策略",指定【网络访问服务器的类型(S):】为"远程访问服务器(VPN 拨号)"(图10-35),单击【下一步(N)】按钮。

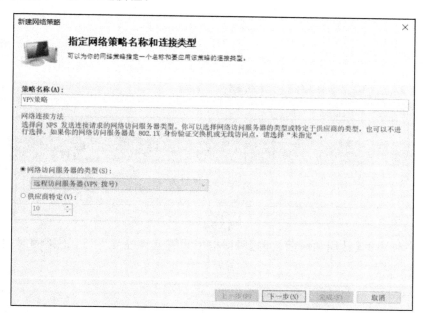

图 10-35

2.指定网络策略条件:日期和时间限制

步骤1　在【指定条件】界面中设置网络策略的条件,如日期和时间、用户组等,单击【添加(D)...】按钮(图10-36)。

图 10-36

步骤2　在弹出的【选择条件】对话框中选择要配置的条件属性,选择【日期和时间限制】选项,单击【添加(D)...】按钮(图 10-37)。该选项表示每周允许和不允许用户连接的时间及日期。

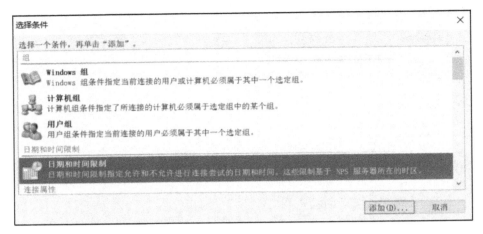

图 10-37

步骤3　在弹出的【日期和时间限制】对话框中设置允许建立 VPN 连接的时间和日期,单击【确定】按钮(图 10-38)。

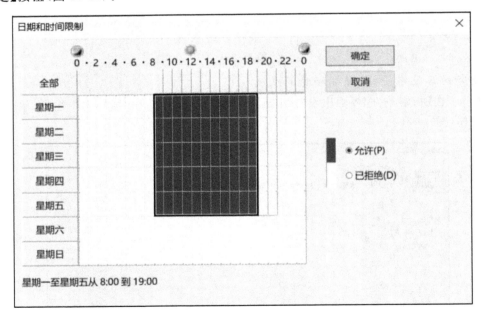

图 10-38

步骤4　返回【指定条件】界面,从中可以看到已经添加了一个条件,单击【下一步(N)】按钮(图 10-39)。

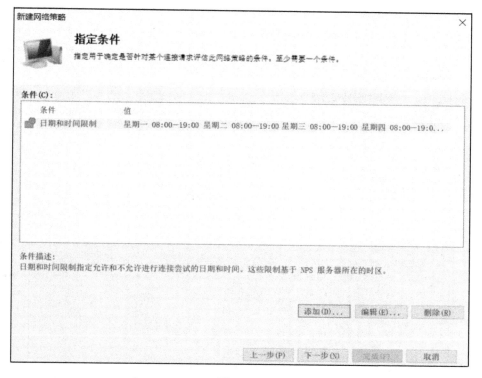

图 10-39

3. 授予远程访问权限

在【指定访问权限】界面中指定连接访问权限是允许还是拒绝，本任务选中【已授予访问权限（A）】单选按钮（图 10-40），单击【下一步（N）】按钮。

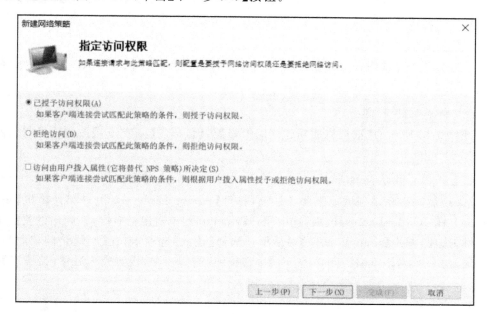

图 10-40

4.配置身份验证方法

在【配置身份验证方法】界面中指定身份验证的方法和 EAP 类型,单击【下一步(N)】按钮(图 10-41)。

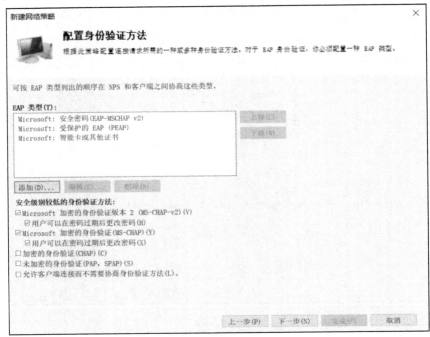

图 10-41

5.配置约束

在图 10-42 所示的【配置约束】界面中配置网络策略的约束,如【空闲超时】【会话超时】【被叫站 ID】【日期和时间限制】【NAS 端口类型】等,单击【下一步(N)】按钮。

6.配置设置

在图 10-43 所示的【配置设置】界面中配置此网络策略的设置,如 RADIUS 属性、多链路和带宽分配协议(BAP)、IP 筛选器、加密、IP 设置等,单击【下一步(N)】按钮。

7.完成新建网络策略

进入图 10-44 所示的【正在完成新建网络策略】界面,单击【完成(F)】按钮即可完成网络策略的创建。

8.设置用户远程访问权限

以域管理员账户登录到域控制器 DC 上,打开【Active Directory 用户和计算机】窗口,单击【gcx. cn】→【GCX】→【Sales】选项,选中用户【zhangm】,单击鼠标右键,在弹出的快捷菜单中选择【属性】选项,弹出【zhangm 属性】对话框。选择【拨入】选项卡,在【网络访问权限】选项组中选中【通过 NPS 网络策略控制访问(P)】单选按钮(图 10-45),设置完毕后单击【确定】按钮。

9.测试客户端能否连接到 VPN 服务器

步骤 1 以本地管理员账户登录 VPN 客户端计算机 Client,修改 VPN 连接属性。单击【更改适配器选项】(图 10-46),打开【网络连接】界面。

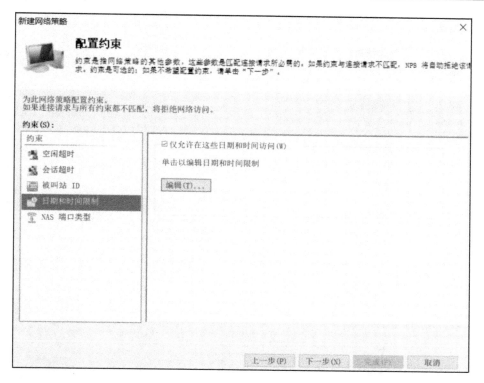

图 10-42

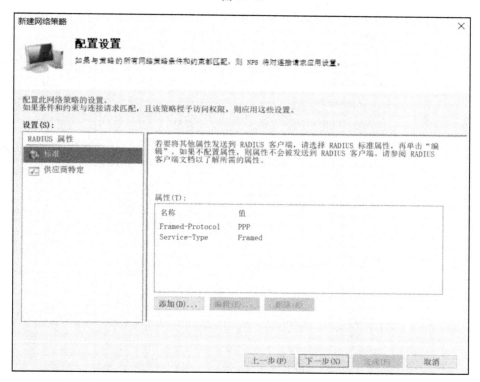

图 10-43

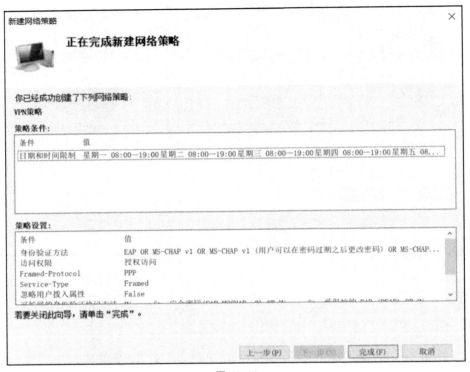

图 10-44

图 10-45

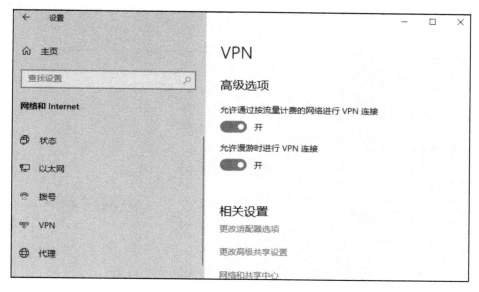

图 10-46

步骤 2　在弹出的对话框中右键单击【VPN 连接】→【属性】→【安全】选项，弹出【VPN 连接 属性】对话框，选中【允许使用这些协议（P）】单选按钮，勾选【Microsoft CHAP Version 2（MS-CHAP v2）】复选框（图 10-47），单击【确定】按钮。

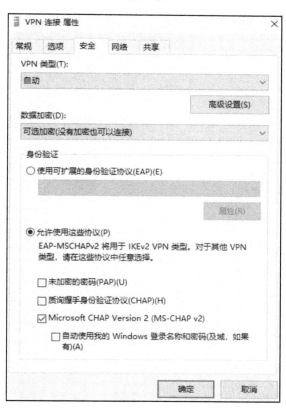

图 10-47

步骤3　单击 VPN 连接,以 zhangm@gcx.cn 账户连接到 VPN 服务器,【VPN 连接】显示已连接(图 10-48)。VPN 连接测试通过。

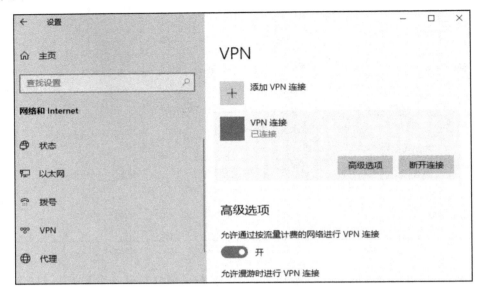

图 10-48

任务小结

在网络策略服务器中通过使用网络策略,控制 VPN 客户端连接 VPN 服务器的权限,而不必为每个用户单独启用 VPN 访问,优化管理方式,减少不必要的工作。

参 考 文 献

［1］　戴有炜．Windows Server 2019 Active Directory 配置指南［M］．北京：清华大学出版社，2021.

［2］　戴有炜．Windows Server 2019 系统与网站配置指南［M］．北京：清华大学出版社，2021.

［3］　崔升广．Windows Server 网络操作系统项目教程：Windows Server 2019：微课版［M］．北京：人民邮电出版社，2023.

［4］　杨云，徐培镟．Windows Server 2016 网络操作系统项目教程［M］．北京：人民邮电出版社，2021.

［5］　江学斌，丛桂林，张文库．Windows Server 2019 系统管理与服务器配置［M］．北京：电子工业出版社，2022.

［6］　李琳，黄君羡．Windows Server 2019 网络服务器配置与管理：微课版［M］．北京：电子工业出版社，2022.